U0247425

灌溉水有效利用系数测算方法及应用

珠江水利科学研究院
水利部珠江河口动力学及伴生过程调控重点实验室
张康　王行汉　郑江丽　郭伟　著

中国水利水电出版社
www.waterpub.com.cn
·北京·

内 容 提 要

灌溉水有效利用系数是反映农田灌溉用水效率的重要指标,已列入最严格水资源制度考核。本书以广东省为例,对灌溉水有效利用系数测算方法进行研究,主要内容包括基于传统方法和基于遥感蒸散发模型的灌溉水有效利用系数测算,基于计量经济学理论的灌溉用水效率测算,以及灌溉水有效利用系数测算过程评估和各种方法的综合评估等。

本书可供从事水资源管理、灌区管理以及节水理论研究的科研人员、管理人员、工程技术人员及大中专院校师生参考。

图书在版编目(CIP)数据

灌溉水有效利用系数测算方法及应用 / 张康等著
. -- 北京 : 中国水利水电出版社, 2021.11
ISBN 978-7-5226-0125-0

Ⅰ.①灌… Ⅱ.①张… Ⅲ.①灌溉水－水资源利用－利用系数－测算 Ⅳ.①S274.3

中国版本图书馆CIP数据核字(2021)第209460号

书　　名	**灌溉水有效利用系数测算方法及应用** GUANGAI SHUI YOUXIAO LIYONG XISHU CESUAN FANGFA JI YINGYONG	
作　　者	珠江水利科学研究院 水利部珠江河口动力学及伴生过程调控重点实验室 张康　王行汉　郑江丽　郭伟　著	
出版发行	中国水利水电出版社 (北京市海淀区玉渊潭南路1号D座　100038) 网址:www.waterpub.com.cn E-mail:sales@waterpub.com.cn 电话:(010)68367658(营销中心)	
经　　售	北京科水图书销售中心(零售) 电话:(010)88383994、63202643、68545874 全国各地新华书店和相关出版物销售网点	
排　　版	中国水利水电出版社微机排版中心	
印　　刷	北京中献拓方科技发展有限公司	
规　　格	184mm×260mm　16开本　8.5印张　153千字	
版　　次	2021年11月第1版　2021年11月第1次印刷	
定　　价	**46.00**元	

前言

灌溉水有效利用系数是指直接灌入田间可被作物吸收利用的水量与灌区从水源取用的灌溉总水量比值，它是反映灌区用水管理水平、灌溉工程状况等灌溉用水水平的综合系数，是评价农业灌溉用水效率的主要指标。因农业用水近90%由灌溉用水构成，因此灌溉水有效利用系数也常常被看作是表征农业用水效率的重要指标，广泛应用于最严格水资源管理制度考核、节水评价、取水许可和水资源论证、灌区用水管理、灌区规划设计等规划管理工作，亦对预测需水、评估节水潜力制定相关政策起重要参考作用。

灌溉水有效利用系数受自然因素、经济状况和管理水平等多种因素的影响，其观测和计算往往十分复杂，特别是在地形复杂、气候多变、灌区结构和作物种植结构多样的灌区，样点灌区和典型田块选择的代表性方面更加复杂。

灌溉水有效利用系数作为农田灌溉用水效率的主要指标，自2005年水利部启动了全国农业灌溉水利用系数的测算与分析工作，并于2008年印发了《全国灌溉水有效利用系数测算分析技术指南》（简称《指南》），规范了各地灌溉水有效利用系数测算分析工作；在历经多年测算分析实践的基础上，为进一步做好灌溉水有效利用系数测算分析工作，落实最严格水资源管理制度的要求，2013年水利部对《指南》进行了修订，形成了《全国农田灌溉水有效利用系数测算分析技术指导细则》（简称《细则》），为全国农田灌溉水有效利用系数测算分析工作提供了方法和技术指导。

从《指南》和《细则》的方法在行业内推广使用至今已有十余年，但实际操作中受当前农业用水量水设施尚不完善、计量率低等因素制约，准确测算灌溉水有效利用系数在实际操作中仍存在一定困难，且现行的直接量测法和观测分析法测算灌溉水有效利用系数还存在投入人力较多、主观性强等问题。因此本书针对净灌溉水量测算难度大、农业用水计量率低、灌溉试验观测要求高、成本大、测试条件严格等问题，选择广东省典型灌区开展灌溉水有效利用系数测算方法的研究。

全书共分6章：第1章主要阐述研究背景及灌溉水有效利用系数测算研究进展情况；第2章主要介绍《细则》推荐方法在典型灌区灌溉水有效利用系数测算中的应用；第3章主要介绍遥感蒸散发模型在典型灌区灌溉水有效利用系数测算中的应用；第4章主要介绍计量经济学理论在灌溉用水效率测算中的应用；第5章主要介绍典型区域灌溉水有效利用系数测算方法的应用情况；第6章对全书进行总结和展望。本书第1、5、6章由张康撰写，第2章由郭伟撰写，第3章由王行汉撰写，第4章由郑江丽撰写。全书由张康统稿与定稿，并在珠江水利科学研究院马志鹏博士及范群芳博士的指导下完成。

本书在撰写和出版过程中，得到了水利部珠江水利委员会、广东省水利厅等有关领导的关心和指导，并得到珠江水利委员会珠江水利科学研究院、水利部珠江河口动力学及伴生过程调控重点实验室各级领导的大力支持和帮助。此外，本书由广东省水利科技创新项目"基于遥感蒸散发模型的区域灌溉水有效利用系数测算方法研究"（2016-09）、广东省自然科学基金项目"最严格水资源管理考核制度下灌溉用水效率快速测算方法研究"（2015A030313845）、长江科学院开放研究基金资助项目"基于区域遥感蒸散发模型的灌溉水有效利用系数测算方法研究"（CK-WV2017529/KY）、广西壮族自治区重点研发计划"基于遥感蒸散发模型的区域净灌溉水量测算方法研究"（902229136010）、广东省水资源节约与保护专项资金项目"广东省灌溉水有效利用系数测算合理性评估"（粤财农〔2016〕91 号）和贵州省水利科技创新项目"基于计量经济学的贵州农田灌溉水有效利用系数驱动因子及变化趋势研究"（KT201904）的资助出版。在此，向所有支持和帮助过的领导、同事及有关专家表示由衷的感谢！

由于灌溉水有效利用系数测算及影响因素的复杂性，加之时间仓促和作者水平有限，书中内容难免有疏漏和不妥之处，敬请读者批评指正。

作者

2021 年 4 月于广州

前言

第1章　绪论 ·· 1
　1.1　研究背景 ·· 1
　1.2　国内外研究进展 ·· 3
　1.3　存在的问题 ··· 17
　1.4　主要研究内容及技术路线 ······························ 19

第2章　基于传统方法的灌溉水有效利用系数测算 ················ 22
　2.1　样点灌区及田块选取 ··································· 22
　2.2　灌区灌溉水有效利用系数测算方法 ······················ 29
　2.3　典型灌区灌溉用水有效利用系数测算结果 ················ 39
　2.4　典型渠段测量法测算结果与分析 ························ 51
　2.5　测算结果合理性分析 ··································· 58

第3章　基于遥感蒸散发模型的灌溉水有效利用系数测算 ·········· 60
　3.1　数据源 ··· 60
　3.2　遥感蒸散发模型的建立及参数反演 ······················ 65
　3.3　基于改进SEBAL模型的蒸散发量计算结果分析 ············· 70
　3.4　灌溉水有效利用系数测算 ······························ 71

第4章　基于计量经济学理论的灌溉用水效率测算 ················ 74
　4.1　技术效率测定方法 ····································· 75
　4.2　模型数据 ··· 86
　4.3　粮食生产技术效率计算 ································· 88
　4.4　灌溉用水效率模型构建及计算 ·························· 103

第 5 章　典型区域灌溉水有效利用系数测算方法应用 ·························· 107

5.1　自然地理 ·· 107

5.2　社会经济 ·· 108

5.3　水土资源状况 ·· 109

5.4　农田灌溉情况 ·· 111

5.5　区域灌溉水有效利用系数测算 ···································· 112

5.6　广东省灌溉水有效利用系数综合评估 ······························ 114

第 6 章　结论与展望 ·· 117

6.1　结论 ·· 117

6.2　展望 ·· 118

参考文献 ·· 120

第 1 章

绪　论

1.1　研究背景

　　水是地球万物的生命之源，是人类赖以生存和发展的基本条件，也是维持生态系统功能和社会经济系统发展重要的战略性基础资源。中国人均水资源占有量约为 $2160m^3$，约为世界平均水平的 1/4，正常年份缺水 500 多亿 m^3，被列为世界上 13 个贫水国之一。当前，水资源短缺是我国面临水资源短缺、水生态损害、水环境污染三大水问题之首。在全国各行业用水统计中，2020 年农业用水总量为 3612.4 亿 m^3，占当年用水总量的 62.1%，为国民经济行业用水第一大户，但当前我国农业用水方式仍然粗放，一方面全国节水灌溉面积比例不高，截至 2020 年，全国节水灌溉面积仅占灌溉总面积不足 50%，不少灌区渠系建筑物老化、损毁严重；另一方面灌溉水有效利用系数低下，2020 年全国农田灌溉水有效利用系数为 0.565，与世界先进水平 0.7～0.8 还有较大差距，单方灌溉水粮食产量约 1.0kg，只相当于世界先进水平的 40%，由此可见，我国农业节水潜力还很大，须进一步提高农业用水效率。

　　为破解我国水资源制约社会经济发展的瓶颈制约，促进水资源可持续利用和经济发展方式转变，推动经济社会发展与水资源承载能力相协调，《中共中央国务院关于加快水利改革发展的决定》（中发〔2011〕1 号）和《国务院关于实行最严格水资源管理制度的意见》（国发〔2012〕3 号）从战略高度出发，确定了我国实行最严格水资源管理制度，其中包括用水总量控制、用水效率控制、水功能区限制纳污的"三条红线"内容，明确了到 2020 年全国用水总量控制在 6700 亿 m^3 以内，灌溉水有效利用系数控制达到 0.55 以上，2030 年全国用水总量控制在 7000 亿 m^3 以内，灌溉水有效利用系数控制达到 0.6 以上，并全面展开了指标分解任务。截止到 2016 年，全国、省级以及部分市县级"三条红线"指标已经确定并开始考核；2020 年，全国用水总量及灌溉水有效利用多数控制目标均得以实现。

　　广东省是全国经济发展的先头兵，又是全国唯一一个用水总量控制目标阶段递减的省份，反映出全省实施最严格水资源管理"三条红线"的力度将进一步加大，水资源利用效率还有待进一步提高。而用水效率的科学测算是最严格水资源管理制度中效率指标考核的基础，还为衡量节水型社会建设及用水量合理分配等提供重要技术依据；另一方面，广东省主要用水指标显示全省人均综合用水量高于全国、南方 4 省区及北方 6 省区，其主要原因在于农业灌溉用水和居民生活用水水平较为落后，虽然这与广东省湿热的气候条件客观上影响作物需水和居民生活方式有关，但仍有较大的节水空间。因此，科学合理地测算农业用水效率不仅是最严格水资源管理考核的需要，也能为定量化地指导节水工作提供现实依据。

　　农业用水效率一般采用灌溉水有效利用系数来衡量，灌溉水有效利用系数是指在某次或某一时间内被农作物利用的净灌溉用水量与水源渠首处总灌溉引水量的比值，其值越高则反映农业灌溉用水效率越高。其中总灌溉引水量通过实测直接确定，净灌溉用水量采用直接量测法和观测分析法确定。现行灌溉水有效利用系数根据《全国灌溉水有效利用系数测算分析技术指南》（水利部，2008 年 1 月，以下简称《指南》）和《全国农田灌溉水有效利用系数测算分析技术指导细则》（水利部，2013 年 12 月，以下简称《细则》）进行测算。从《指南》和《细则》的方法在行业内推广使用，至今已经累积了十余年的经验。

　　根据全国农业用水的计量率不足 50% 的现状来看，直接量测法和观测分析法均存在周期长、工作量大的问题，很难严格依据《细则》的方法提出考核指标评判依据。即便克服了周期长和工作量大的问题，所测到的净灌溉用水量也包含了土壤表层蒸发、深层渗漏、回归水（将在更大的时空尺度范围内被作物重新利用）等，因此，净灌溉用水量要比测算期内"被农作物利用"的净灌溉用水量大，据此计算的灌溉水有效利用系数将偏大。

　　综上所述，传统的灌溉水有效利用系数测定方法在全国范围内广泛采用，为全国和各省市农业水资源管理提供基础支撑，但很多地方灌溉试验站已不再运行使用，现有田间水利用系数测算所采用的灌溉排水试验资料很多是 20 世纪 90 年代以前观测的，而经过近 30 年的发展，灌区的水土条件都已发生了巨大变化，基于 20 世纪 90 年代以前灌溉排水试验数据所测算的田间水利用系数还是否有代表性已成为研究重点之一。针对净灌溉水量测算难度较大、灌区用水量计量率低、试验观测要求高、试验观测成本大、测试条件严格等问题，本研究选取广东省内典型灌区，开展基于遥感蒸散发模型的区域灌溉水有效利用系数测算方法研究，主要包括以下三个方面的内容：①提出简单易行、科学合理的宏观测算方法；②加强数据分析和信息管理；③提出具有代表性的测算方法。本次研究对严格水资源管理效率指标考核中提供用水效率指标的科学测算方法，具有重要科学价值，更是用水量合理分配和用水计划科学审批的重要技术依据，是合理评价节水灌溉发展成效和分析节水潜力的重要基础，也是地方各级政府部门制定规划、科学决策和宏观管理的重要依据，对充分发挥广东省地方经济发展的资源支撑作用意义重大。

1.2 国内外研究进展

1.2.1 灌溉用水效率指标及定义

灌溉用水效率（Irrigation Water Use Efficiency，IWUE）的概念约在 20 世纪 30 年代提出，Israelsen（1932）将灌溉用水效率定义为灌溉农田或灌溉工程控制范围的农作物消耗的灌溉水量与从河流或其他自然水源引入渠道或渠系的水量的比值。此后国内外为了灌溉研究需要和管理需要，提出了多个表征灌溉用水效率的指标，如着眼于作物实际消耗水量作为有效消耗水量的水分生产率、作物水分利用效率、水分消耗百分比、水分利用效率、水分利用率、水分生产效率等指标；着眼于灌区管理的灌溉效率、灌溉用水效率、灌溉水利用率、灌溉水有效利用系数等。

国际灌排委员会 ICID 于 1977 年对灌溉效率术语进行正式定义，在灌溉水利用效率定义及测定方法的基础上，Rao（1992）、Marinus（1979）提出了灌溉水利用效率标准，将灌溉系统的水流分为输水、配水和田间用水 3 个不同阶段，则总灌溉水有效利用效率为输水效率、配水效率和田间灌水效率的三者之乘积，该标准类似于国内所采用的灌溉水有效利用系数。

中国《农村水利技术术语》定义灌溉水利用系数为：灌入田间可被作物利用的水量与渠首引进的总水量的比值。该指标也成为全国农田灌溉水有效利用系数测算分析的主要依据，据此提出了首尾测算法，针对各省（自治区、直辖市）不同类型灌区的测试与计算成果，综合统计、分析、计算出全国的灌溉用水有效利用系数。

在概念上，尽管灌溉水利用效率的表述有所差异，但本质上都是建立在充分灌溉理论基础上的，认为储存在旱田作物根系层的水或水稻田内的水对作物都是有效的。为统一概念方便工作衔接，本书沿用最严格水资源管理考核指标中的灌溉水有效利用系数来表征农田灌溉用水效率。

1.2.2 灌溉水有效利用系数传统测算方法及应用

灌溉水有效利用系数常采用首尾测算法和渠系水利用系数乘以田间水利

用系数两种方法得到，而渠系水利用系数则采用各级固定渠道水利用系数连乘求得（传统测算方法）。研究分析的重点集中在测定渠系水利用系数和田间水利用系数的方法、计算公式修正等方面，形成了确定渠系水利用系数、田间水利用系数和灌溉水利用系数的各种量测分析方法。以下便对国内外灌溉用水效率或灌溉水有效利用系数及其测算方法的研究历程展开详述。

1. 国外研究现状

在 Israelsen 定义的基础上，Hart（1979）、Burt 等（1997）又提出了储水效率和田间潜在灌水效率等灌溉效率指标，根据指标含义开展灌溉效率测算研究。Peter（2007）对土耳其 Gediz 流域 SRB 灌区进行了灌溉效率计算，国际水管理研究院（IWMI）的 Molden 等（1998）提出的水平衡框架对灌溉效率指标进行测算。在这些测算基础上发现回归水的重复利用导致了用水效率指标随尺度增大而变化。

美国 Interagency Task Force 组织 1979 年研究发现灌溉水在田间水的灌溉过程中并非完全浪费掉，有一部分的渗漏水（即回归水）可重复利用。Keller 等（1995）提出"有效效率"的指标，指的是作物蒸发蒸腾量与田间净灌溉用水量的比值，认为灌溉水的有效效率指标可用于任何尺度而不会导致概念的错误。Jensen 等（1990）指出传统灌溉效率概念在用于水资源开发管理时是不适用的，因为它忽视了灌溉回归水，从水资源管理的角度，Jensen 提出了"净灌溉效率"的概念；Perry（2007）建议为保持与水资源管理的一致性采用水的消耗量、取用量、储存变化量以及消耗与非消耗比例为评价指标。Lankford（2006）认为由于灌溉水有效利用系数的使用条件及评价目的，传统灌溉水有效利用系数与考虑回归水重复利用的灌溉水有效利用系数是同样适用的，在影响传统灌溉水利用效率的因素中（水资源管理和范围、灌溉水利用效率与时间的关系、净需水量与回归水利用率的关联）有些因素如渠道的漏水、渗水损失可以通过一定的技术措施来减少，而有些因素如渠道输配水过程中的蒸发损失则难以通过技术措施来减少的，因此，可通过减少可控因素中的损失水量来达到提高灌溉水有效利用效率的目的。

Droogers 和 Geoff（2001）模拟了田间和区域地下水位改变、田间和区域灌溉水含盐量改变、田间灌溉制度改变和区域气候改变对印度 Sirsa 地区的田间和区域尺度水分生产率的影响。

2. 国内研究现状

国内现行的灌溉水有效利用系数指标体系及计算方法主要参照苏联的灌溉水利用系数（Irrigation Water Use Coefficient），形成于 20 世纪五六十年代，多基于动水法或静水法进行灌区样点渠段的测算分析。20世纪80年代，广西、山西等省份在一些灌区分别采用动水法和静水法对灌区渠道水利用系数或渠系水利用系数进行评价；以水分生产率为代表的灌溉水利用效率测算与评价则基本以测坑或田间小区试验数据为基础。

喻云（1989）在渠道水有效利用系数计算与应用中的基础上推导出单位渠长的渠道水平均水利用系数的计算公式。孔灰田（1990）提出了"渠系平均利用系数"，并对均质渠段和非均质渠段的渠系水平均利用系数的计算进行了推导，解决了在工程实际规划和设计中推求渠系设计流量的种种弊端。不少学者还对渠道越级输水，并联渠系输水等情况下渠系水利用系数的计算分析与修正进行了研究探讨。如高传昌等（2001）提出将渠系划分为串联、等效并联，非等效并联分别引用不同的公式计算。汪富贵（2001）提出用3个系数分别反映渠系越级现象、回归水利用以及灌溉管理水平，再用这3个系数同灌溉水利用系数的连乘积获得修正的灌溉水利用系数；同时汪富贵（2001）在对大型灌区的灌溉水有效利用系数进行分析时，不仅考虑了其影响因素，而且考虑到回归水和灌区管理水平等方面的影响，计算推导出能反映灌溉水有效利用系数影响因素的回归水修正系数。白美健等（2003）、沈逸轩等（2006）对灌溉水有效利用系数进行了细化，分别得出了田间水利用系数和年灌溉水有效利用系数的计算方法。

高峰等（2004）提出测定灌溉水利用系数的综合测定计算方法，综合测定法不仅克服了传统测量方法中的缺点：工作量大、需要大量人力和物力资源、只测量典型渠段会引起较大误差，而且能反映出灌区灌溉渠系的运水输水情况、灌溉工程质量及灌溉用水管理水平等，为灌区未来经常性地测量较为符合实际的灌溉水有效利用系数提供了一种实用的计算方法，并可指导灌区节水工程改造。张涛等（2006）阐述了灌溉水有效利用系数的传统测定方法，并研究分析影响灌溉水有效利用系数的因素；张德全（2006）通过对海河流域的御河渠系防渗前后灌溉水有效利用系数的比较，提出加强渠系防渗对灌区灌溉水有效利用系数的提高具有明显效果。张荣彪等（2007）对灌溉水的损失途径进行了分析，并在其基础上根据区域水量平衡的原理，提出了一系列提高灌溉水有效利用率的方法措施。

李英能（2003，2009）论述了灌溉水有效利用系数的内涵，阐述了传统测定灌溉水有效利用系数的方法，分析了传统方法在测量计算及制度管理过程中的优点、缺点、难点及误差问题，提出测定灌溉水有效利用系数较为准确且简易的首尾测算法，即灌溉水有效利用系数为灌溉水量最终达到作物根系能被作物吸收利用的水量与灌区渠首当年引进水量的比值，并从理论上分析了这种计算方法的可靠性，其绕开了传统测定方法对渠系水利用系数和田间水利用系数测定的难点，且应用到全国灌溉用水有效利用系数测算中。

1.2.3　基于遥感蒸散发模型的灌溉水有效利用系数测算

传统的灌溉水利用系数测算方法主要分为静态测定法、动态测定法和首尾测算法等，遥感技术特别是多波段卫星遥感技术，以其区域性广、时空连续性强等特点为解决区域蒸散发估算问题提供了新的方法，过去的 20 多年里，基于遥感蒸散发的方法进行宏观的净灌溉水量的测算方面得到了深入的发展，目前主要采用的方法主要分为差值法、比值法和 Penman - Monteith 方程类 3 种类型。下面对上述三类方法的计算原理分别进行说明，并对各种方法典型模型的理论基础和存在的问题进行详细阐述。

1.2.3.1　差值法

差值法，也称为剩余法，其基本做法是，先估算净辐射能量 R_n、土壤热通量 G、显热通量 H，然后用 R_n 减去 G 和 H，即可计算出潜热通量 λE，即蒸散量。求解 H 是差值法实现的核心，涉及两个重要的参数，空气动力学温度（T_0）和空气动力学阻抗（r_a），其中 T_0 与土壤—植被—大气系统内能量传输和水汽输送密切相关，是大气温度廓线向下延伸到冠层热量源（汇）处的温度。T_0 与参考高度气温之差，结合风廓线理论计算的 r_a，可计算出 H [$H = \rho C_p (T_0 - T_a)/r_a$，其中 ρ 是空气密度；C_p 为标准大气压下的空气比热]。然而上述两个参数的定量化描述，却又是遥感估算方法的难点所在，因为遥感影像并不能直接获取 T_0。

依据描述土壤—植被—大气系统内能量传输过程，以及对气象要素和各地面参数依赖程度的差异，也就是定量表述 T_0 与 r_a 的不同，差值法又可进一步分为单源模型和双源模型，前者是将土壤和植被当作一个统一的能量交换边界层（如 SEBAL 模型和 METRIC 模型等）；后者区分了土壤和植被间的水分和能量传输和运移，分别估算了土壤蒸发和植被蒸腾。以下对单源模型和双源模型中的部分方法进行重点说明和分析。

1. 单源模型（SEBAL 模型）

在单源模型中应用最为广泛的是 SEBAL 模型，下面对该模型的原理及应用情况进行说明。

Bastiaanssen 等（1999）基于能量平衡原理提出了区域蒸发量估算方法，即陆面能量平衡算法（Surface Energy Banlance Algorithm for Land，SEBAL）。基本原理是利用大气边界层理论处理风速等非遥感参数，也就是假定在 200m 的高空存在一个风速不受粗糙地面影响的混掺层，从而求解出中性稳定度下的摩擦速度与空气动力学阻力，然后通过研究区域内存在的极端冷热点（热点：植被覆盖度低，T_s 高，$\lambda E = 0$；冷点：植被覆盖度高，T_s 低，$H = 0$），建立起 T_0 与 T_a 的温差（dT）与 T_s 之间的线性关系（dT $= a + bT_s$，a 和 b 为线性回归系数），并利用莫宁-奥布霍夫长度（Monin - Obukhov，L）进行大气稳定度修正，以迭代校正 r_a，从而求解 H。可见，SEBAL 模型的实现需要满足两个假设：①研究区域同时存在极端像元（冷点和热点）；②dT 与 T_s 之间存在线性关系，该假设巧妙地避免了 T_a 空间插值和直接订正 T_0 与 T_s 之差所带来的误差。

SEBAL 模型的物理意义明确，且计算 λE 时仅需要风速和日照时数辅助气象资料，降低了气象数据空间插值的误差，得到了广泛的应用。SEBAL 模型首先被 Bastiaanssen 和 Bos（1999）成功应用到土耳其的 Gediz 流域。国内应用比较早的是潘志强等（2003），结合 ETM$^+$ 影像估算了黄河三角洲地区的蒸散发量，并分析了其空间分布特征。Bastiaanssen 等（2005，2010）总结了 SEBAL 模型在超过 30 多个国家，不同大气及生态环境、不同空间尺度下的应用情况，发现在土壤湿润及群落植被条件下，日尺度的估算精度为 85%，当上升到季或者是年尺度上，其精确度可达到 95%，证实了 SEBAL 模型的可行性，成为最成功的模型之一。

2. 双源模型

单源模型假定显热与潜热的能量交换在同一边界层内，用的是整体阻抗的概念，也称为表面阻抗。虽然表面阻抗可以简化计算，但是很难用机理性的公式来描述其与土壤—植被—大气系统内诸多影响因子的联系，因此，与表面阻抗相关的计算因子，如热量粗糙长度、动量粗糙长度和摩阻风速等多采用局地的，经验性的概化计算。导致 H 的估算精度严重依赖热量粗糙长度和 T_0 的模拟精度。

对于单源模型在理论上的困境，学者们提出了双源模型的概念，也就是将土壤和植被作为两个不同的"源"，分别进行考虑。其基本思想是，T_0 可以用组分温度（冠层温度和土表温度）和一系列对应的阻抗来表示，用于解释与 T_s 的差异。利用带有方向性的辐射温度（T_r），分离组分温度，可分别求解土壤和植被对应的 H，在模型输出结果上，可分别计算土壤的蒸发和植被的蒸腾。

在双源模型中，地表总的 H 为各源（块）H 的"和"。依据求"和"方式的差异，可将双源模型分为分层模型和分块模型。前者是将下层土壤和上层植被叶片看作两个连续的湍流输送源，总的 H 为两个源 H 的简单相加（$H = H_s + H_v$，其中 H，H_s 和 H_v 分别为总的土壤和植被冠层对应的 H），依据两个"源"是否存在耦合关系，可进一步划分为系列模式（series model），由 Shuttleworth 和 Wallace（1985）在 S - W 模型中提出，认为土壤源和植被源存在耦合关系；和平行模式（parallel model），认为在植被稀疏且分布不均匀，土表蒸发与植被蒸腾在中等风速下，土壤源和植被源互相平行，分别与上层大气进行独立的能量和水汽交换，典型例子是 N95 模型（被认为是 S - W 模型的简化版）。Li 等（2005）的研究发现，平行模式和系列模式能够获得相似的估算精度，但平行模式更容易计算土壤和植被对应的组分温度和热通量。也有学者认为，当土壤较干时，土壤的显热过程会对植被供热，使两源之间存在热量交换，而平行模式未考虑这种耦合作用，因而模拟得到的 H 偏大。

后者（分块模型）认为土壤是裸露的，植被像"补丁"一样镶嵌在土壤表面，各源通量只与其上层空气作用，而彼此之间无联系，更无耦合关系，称为补丁模式（patch model），其总的 H 为 H_s 和 H_v 对应的面积权重之和 $[H = (1 - f_g) H_s + f_g H_v$，其中 f_g 为植被覆盖度]。

与单源模型相比，双源模型具备的优势包括：①在理论上，用组分温度及其对应的一系列阻抗求解的 H，较之在机理上难以明确认识的表面阻抗，无疑具备优势；②降低了 H 的估算精度对大气校正和传感器校正精度的依赖；③与边界相似理论（Planetary Boundary Layer，PBL）相结合，多源模型的实施不需要地面观测的 T_a，可使多源模型能更适用于较大面积的研究区域。

但是，双源模型存在一定的问题：①多角度数据缺乏，多源模型的实施需要两个带有不同方向的 T_r，现阶段多数遥感卫星平台不具备这样的能力；②冠层和土壤表面的空气动力学阻抗定义复杂，涉及植被结构、生理特征，以及土壤水分状况，难以通过遥感手段直接获取。

1.2.3.2　比值法

比值法的基本思路是通过估算 λE 与可利用能量的比值，或实际 ET 与 E_p 的比值，来推求 λE 或者 ET。根据计算比值方法的差异，可将比值法进一步划分为：①经验比值法，其代表性方法是三角形法，即认为 T_s 与植被指数 VI 的散点图呈三角形特征空间，利用此特征空间计算 λE；②理论比值法，比值的计算是以能量平衡和辐射收支理论为基础，例如：Moran 等（1996）提出的 VIT 梯形法，即利用能量平衡理论逐像元计算其在极端干湿

（严重水分亏缺、充分供水）与极端地表覆盖（全植被覆盖、裸土）状况下的地气温差（$T_s - T_a$）与地表植被覆盖度的理论梯形空间，估算各像元的水分亏缺指数（Water Deficit Index，WDI），以此确定实际 ET 与 E_p 之比，进而利用 P-M 公式计算的 E_p 推求实际 ET；或者依据能量平衡关系，逐像元直接计算其极端干湿状态，确定蒸发比，即逐像元计算以能量平衡原理为基础的"干界"与"湿界"条件，用于界定空气动力学基础的 H，获取像元的蒸散比，进而求得 λE。

1. SEBS 模型

Su（2002）在吸收了一些成熟的遥感资料陆面过程参数化方案的基础上，提出了陆面能量平衡系统（Surface Energy Balance System，SEBS）。其核心内容包括：①提出热量粗糙长度的计算公式，即结合 Brutsaert（1982）提出裸土地表 kB^{-1} 计算公式，与 Choudhury 和 Monteith（1988）提出的完全植被覆盖下 kB^{-1} 计算公式，建立起基于 f_g 的 kB^{-1} 内插模型 [Massman（1999）基于拉格朗日算法提出的模型的简化版]，进而推求热量粗糙长度。②根据莫宁-奥布霍夫相似和整体大气相似（Bulk Atmospheric Similarity）理论，分别对近地面层（surface layer）和 PBL 尺度进行大气稳定度校正。③基于平衡指数 SEBI，逐像元的计算像元的干界与湿界。在水分严重亏缺的干界，潜热通量被设定为 0，对应的感热通量 H_{dry} 为可利用能量；在湿界，假设潜热处于潜在蒸散状态，根据 H_{wet} 计算。

$$H_{dry} = R_n - G \qquad (1.2-1)$$

$$H_{wet} = \left[(R_n - G) - \frac{\rho Cp}{r_a} \frac{VPD}{\gamma} \right] \Big/ \left[1 + \frac{\Delta}{\gamma} \right] \qquad (1.2-2)$$

式中　ρ——空气密度，kg/m^3；

Cp——标准大气压下的空气比热，$1004 J/(K \cdot kg)$；

Δ——饱和水汽压对空气温度的斜率，$kPa/℃$；

γ——空气比湿常数，$kPa/℃$；

VPD——饱和水汽压差，hPa。

Su 等（2005）的计算结果显示，SEBS 的估算精度可达到 85%～90%，同时 Wood 等（2003）出于数据同化的目的也证明了 SEBS 的可靠性。

SEBS 模型的亮点在于：①提出了计算任意植被覆盖度下的无量纲参数 kB^{-1} 的参数化方案，代替以往设定的固定值，使 SEBS 模型的应用区域，具备了从局地到区域空间尺度的能力。②在能量平衡理论的基础上，在一定的气象和植被覆盖条件下，逐像元地计算干界与湿界，使得反演的 H 在可获得能量、气象要素和 T_s 所规定的范围内，降低可能存在的误差。

但是，SEBS 模型也存在一定的问题：①需要较多的地面覆盖信息，例如土壤粗糙高度和叶阻力指数 $Cd(z)$ 等，以满足高精度求解无量纲参数 kB^{-1} 的需求；②H 的估算对地面观测的风速、T_a 等参数敏感。T_s 与参考高度的气温温差在 2K 以内时，估算精度较好。

2. 三角形/梯形特征空间法

三角形特征空间的理念最早由 Price（1990）提出，之后由 Carlson 等（1994，1995），Gillies 和 Carlson（1995），Gillies 等（1997），Jiang 和 Islam（1999，2001 和 2003）做了详细的解释和进一步发展。其基本认识是，当研究区域的土壤湿度和植被覆盖度变化范围较大时，遥感图像计算的 T_s 和植被指数 VI（NDVI、SAVI 或者 f_g）为横纵坐标得到的散点图，近似呈三角形分布（记为 T_s—VI 三角形）。该三角形特征分布可以用于土壤含水量和蒸散发量的计算以及旱情监测等方面的研究。而梯形空间的思想是来源于作物缺水指数（Crop Water Stress Index，CWSI）的计算。

三角形和梯形特征空间的共同点是，均存在一个干边（给定的大气条件下，不同植被覆盖度对应的最高 T_s 的线性轨迹，即三角形/梯形的上边界，假定该边界上的像元所代表的地表没有水分可供蒸发和蒸腾）和一个湿边（给定大气条件下，不同植被覆盖度所对应的最低 T_s 的线性轨迹，即三角形/梯形的下边界，假定处在此条件下的像元代表了蒸散发的潜力）。但两者在形态构造上和构建手段上也存在很大的差异。

1.2.3.3　Penman-Monteith 方程类

Penman（1948）提出基于热量平衡和湍流扩散原理计算水体表面蒸发潜力的公式，即为 Penman 公式。Monteith（1963）在 Penman 公式的基础上引入了表面阻抗，用于表述植被生理和土壤供水状况对潜热通量的影响，从而得出了无水汽平流输送假定条件下，下垫面蒸发潜力的 Penman-Monteith（P-M）方程，为蒸发研究开辟了一条新的途径，P-M 方程可以表示为

$$\lambda E = \frac{\Delta(R_n - G) + \rho C_p(e_s - e_a)/r_a}{\Delta + \gamma(1 + r_c/r_a)} \quad (1.2-3)$$

式中　$e_s - e_a$——饱和水汽压和实际水汽压差，也表示为 VPD；

r_c——气孔阻抗，s/m。

早期对 P-M 公式的应用主要是计算农田的参考作物蒸散发量 ET_r，推荐的版本是 1998 年联合国粮农组织（FAO）提出的 FAO56 方法，以及

美国土木工程师协会环境与水资源分会（ASCE—EWRI）提出的 ASCE 版本。ET_r 乘以土壤水分因子 K_s 及作物系数 K_c，可估算出农田实际 ET。

需要说明的是，上述关于 P－M 模型的应用，完全是基于地面观测到的气象数据，没有遥感数据的参与，在空间尺度上为点尺度，不是本文关注的重点。

P－M 模型遥感化的突破始于 Cleugh 等（2007）利用叶面积指数 LAI、水汽压差和光合有效辐射等参数对冠层阻抗的参数化，进而提出 RS～P－M 模型。Mu 等（2007，2011）针对不同的植被类型，对 Cleugh 方法进行了简化和修正，修正的部分包括，在冠层阻抗的计算中增加制约因子，用 EVI 代替 NDVI 进行植被覆盖度的计算，增加了土壤蒸发模块，充分考虑了土壤对蒸散发的贡献，该算法为 NASA 的 MODIS 全球蒸散发产品（MOD16）的官方算法。在国内，吴炳方等（2008）以 P－M 模型为基础，设计了区域蒸散发量监测系统（ETWatch），以海河为验证流域，取得了较高的估算精度。

但是，冠层阻抗与土壤、植被和大气的诸多因素有关，虽然现阶段已建立许多估算冠层阻抗的数学模式，但由于植被气孔对环境因素变化的滞后性和不确定性，以及对夜间气孔是否闭合的不同观点，建立的数学模型是否有效，尤其是粗糙和复杂下垫面，还有待于深入验证。整体来讲，对冠层阻抗的研究还停留在半定量化的范畴，决定了基于遥感的 P－M 方法还有待深入的研究。

1.2.4 计算经济学在灌溉效率测算中的应用

效率是经济学中研究的重要内容，生产效率是在一定生产技术条件下投入、产出与理想状态生产过程的比较，可以采用在一定的投入情况下，产出与最大潜在产出的比率，也可以采用在一定的产出情况下，投入与最小潜在投入的比率来定量描述生产效率，如果理想状态定义为生产可能性，反映的就是技术效率。Farrell（1957）从投入角度把技术效率定义为在生产技术和市场价格不变的条件下，按照既定的要素投入比例，生产一定量产品所需的最小成本与实际成本的百分比；Leibenstein（1966）从产出角度定义技术效率为实际产出水平占在相同的投入规模、投入比例及市场价格条件下所能达到的最大产出量的百分比。由此可见，具体技术效率的测量是基于可观察的产出和最大产出或最有效的产出前沿的差异，如果一个生产单元的实际生产点位于生产前沿之上，那它是最有效的；如果它位于边界之内，则它是技术上无效率的。

鉴于技术效率的内涵和特点，用水效率问题亦可借鉴计量经济学的方法开展研究。计量经济学是 20 世纪 30 年代发展起来的一门新兴学科，是以一定的经济理论和统计资料为基础，运用数学、统计学方法与电脑技术，以建立经济计量模型为主要手段，定量分析研究具有随机性特性的经济变量关系的一门经济学学科。

Forsund 和 Hjalmarsson（1979）将效率的测定方法概括为前沿分析方法和非前沿分析方法。其中非前沿分析方法主要包括非参数统计分析、分组比较法和线性规划技术等方法，其特点是没有依据前沿理论和成本最小化理论寻找实际生产活动和理想生产活动的差距，而是用平均成本和平均产出确定效率。从技术效率的定义可以知道，技术效率衡量的是实际生产活动和前沿面生产活动之间的差距，因此非前沿分析方法显然不如前沿分析方法科学，以下将重点讨论前沿分析方法，而前沿方法包括参数方法和非参数方法，以下分别对技术效率的参数方法和非参数方法进展情况进行详细阐述。

1.2.4.1　技术效率参数方法进展

生产前沿的参数方法（Stochastic Frontier Analysis，SFA）是指计量经济学中的数理统计方法，即在投入与产出之间假设明确的生产函数数学表达式，然后根据一组投入产出观测数据，在满足某些条件下，利用回归分析的方法确定表达式中的参数，然后将每个生产单元的生产状况与前沿面的生产状况进行对比，得出各个生产单元在不同生产期的生产（成本）技术效率。自 20 世纪 60 年代以来，参数方法在理论研究、模型研究和实际应用中都取得了很大的进展。

1. 理论研究进展

20 世纪 70 年代前沿分析方法的经验分析大多集中在测算某个行业内样本企业的平均技术非效率，但未能得到每个样本点的技术非效率。20 世纪 80 年代前沿分析方法的发展主要集中在用面板数据（Panel Data）估计出每个样本点的技术效率，以及用联立方程组估计出每个样本点的技术效率和配置效率，并放松有关效率分布的条件假设。20 世纪 80 年代末、90 年代初的经验分析主要集中在测算国家分行业的技术非效率上，研究企业各种因素对非效率的影响，将技术效率同生产率结合起来，并在国家之间和时间维上进行比较。20 世纪 90 年代前沿分析方法的研究主要是讨论技术效率、技术进步以及全要素生产率之间的关系，研究非效率的形成，认识到技术效率的提高是一种技术进步。

2．模型研究进展

Aiger 和 Chu（1968）采用确定性参数前沿作为齐次 $C-D$ 生产函数的前沿。Aigner 等（1977）、Meeusen 和 Broeck（1977）两组研究者首次独立提出技术效率的随机前沿模型，称为 ALS 模型。Comwell 等（1990）提出 CSS 模型。Battese 和 Coelli（1992）提出 BC（1992）模型。Battese 和 Coelli（1995）提出了 BC（1992）模型的改进模型——BC（1995）模型。该模型最大的特点就是通过将技术非效率的分布均值假设为各种影响因素的函数，将各样本点的技术效率值和影响技术效率因素的系数在一个模型中同时估计出来，与 BC（1992）模型不同的是，它不需要分成两步进行。

3．国外应用研究进展

国外利用前沿参数方法对农业灌溉用水的技术效率研究比较少，但是该方法对于研究很多其他的行业和企业的技术效率和技术进步有着很重要的指导意义。比较典型的有，Wong 和 Tzu - Tsung（2016）用参数方法比较在多个数据集上通过 k 倍交叉验证评估两个分类算法的性能。Forsund 和 Hjalmarsson（1974）用前沿参数方法研究了瑞典牛奶行业的技术进步。Schmidt 和 Lovell（1979）用前沿生产函数和前沿成本函数研究了美国水电站运行的技术非效率和配置非效率。

4．国内应用研究进展

近 20 年国内应用计量经济学方法对用水效率及粮食生产问题开展了多项研究。乔世君（2004）用随机前沿生产函数研究了我国粮食生产的技术效率；刘树坤（2005）用随机前沿生产函数研究了我国玉米生产的技术效率；王晓娟和李周（2005）应用随机前沿生产函数理论分析了河北石津灌区灌溉用水的生产技术效率；孙爱军（2007）运用随机前沿生产函数计算了工业用水的技术效率和城市用水效率，分析该效率的多年变化趋势；范群芳等（2008）利用参数方法中的随机前沿分析方法选择随机前沿生产函数以全国有统计数据省区作为生产单元，对它们的粮食生产数据进行搜集分析，构建超越对数随机前沿生产函数，用 Frontier 4.1 对函数进行了估计，测算了 1998—2005 年全国 31 个省份粮食生产技术效率，分析了各个因素对技术效率的影响。

1.2.4.2　技术效率非参数方法前沿进展

1．理论研究进展

技术效率的非参数方法是一种数学规划的方法，建立相应的生产函数、成本函数的前沿模型，然后用数学规划方法求解模型，属于数学学科范畴，生产前沿的非参数方法即 DEA 是一种用于评估具有同质投入产出 DMU 的相对有效性方法。它以数学规划为工具，仅仅依靠分析 DMU 的输入输出数据来评价其相对有效性。其中最常用的数据包络分析方法（Data Envelopment Analysis，DEA），是由著名运筹学家 Charnes 和 Cooper（1986a，1986b）以相对效率的概念为基础发展起来的一种效率评价方法。最早的确定性非参数模型，没有通过数学模型和参数来定量确定产出和投入之间的关系，而是用图形形象直观地表示了技术非效率和规模非效率。

DEA 方法提供了一种对多投入多产出的生产活动进行效率评价的客观而科学的途径。

2. DEA 模型研究进展

Charnes 和 Cooper（1978）发表第一个 DEA 模型——C2R 模型后，学者们对 C2R 模型进行发展研究，提出了很多改进的 DEA 模型。比较出名的有 BCC 模型、C2GS2 模型、PC2GS2 模型、EC2GS2、C2WH 模型、C2W 模型、C2WY 模型、ZHDEA 模型、基于模糊集理论的 DEA 模型、基于灰色理论的 DEA 模型、SEA 方法、双准则 DEA 模型等。其中 Charnes 等（1985）提出的专门用于技术有效性判别的 C^2GS^2 模型是一种适合评价技术有效性和规模有效性的分析方法，其通过数学模型来对各决策单元间的相对效率进行比较，适合对具有多个输入变量和输出变量的复杂系统的技术效率指标进行分析。C^2GS^2 模型不仅可以正确估计有效生产前沿面，而且可对每个生产单元是否技术有效进行判断，并且可以在此基础上计算出各决策单元的技术效率，在农业生产用水效率单一投入的情况下较为适用。

3. 国外应用研究进展

DEA 方法中在生产活动的应用不仅指有物质投入和物质产出的工农业生产活动，还可以指管理和评价等活动。因此，DEA 方法的应用领域大大拓展。在国外，DEA 模型用在农业用水效率上的研究较少，更多的用在经济、环境领域。

Li 等（2017）使用 DEA 模型和 Malmquist 进行金融危机的动态预测。Pardalos（2017）使用 DEA 窗口分析和人工神经网络，评估和预测了欧盟国家农业生产中的温室气体排放情况。

4. 国内应用研究进展

同样的，DEA 模型在国内的应用主要集中在经济和环境领域，目前在农业用水效率上的研究还较少。范群芳等（2008）通过对中国粮食生产状况进行包络分析，得出有统计数据 30 个省份的生产技术效率，并对技术进步进行要素分解，最后分析实际生产状况和最优生产状况的目标值的差距；付丽娜等（2013）基于超效率 DEA 模型以长株潭"3＋5"城市群为例进行了城市群生态效率研究。华坚等（2013）利用基于三阶段 DEA 模型对中国区域二氧化碳排放进行了绩效评价研究；王贺封等（2014）基于 DEA 模型和 Malmquist 生产率指数对上海市开发区用地效率及其变化进行了分析。汪文雄等（2014）基于标杆管理和 DEA 模型对农地整治效率进行了评价研究；黄海霞和张治河（2015）采用数据包络方法，从投入与产出角度对 2009—2011 年战略性新兴产业科技资源配置效率进行了定量分析。

1.2.5　灌溉水有效利用系数测算方法评价方法

国际水管理研究院（IWMI）考虑到灌溉排水行为对流域水文循环的重要性，近 20 年来将工作重点逐步转向流域水资源的管理。同时，国际灌溉管理研究院（IIMI）也改名为国际水资源研究院，并从水资源利用的视角深度分析了传统灌溉效率的优缺点，提出了先进的灌溉用水效率评价理念（Marinus，1979）。Molden（1997）提出了分析水量平衡的框架，确定了模型在田间、灌溉系统以及流域等不同尺度范围内的具体计算过程，并提出了评价水资源利用效率 3 类指标，即水分生产率、水分消耗百分率、水分有益消耗百分率。IWMI 研究人员在此分析框架下，在多个流域进行了相关研究（Molden 等，1998；Kloezen 和 Garces，1998；Mccartney 等，2007），而后，Molden 等（1998）在原有指标体系基础上进一步提出了"相对水量供应比"和"相对灌溉水量供应比"2 项新指标，然而在水量平衡框架中即使考虑了尺度效应对灌溉用水效率指标体系的影响，指标量化仍是一个难以解决的问题。

在水量平衡框架下各类水量要素的获取途径主要是通过水量平衡观测，在小尺度范围只需进行田间水量平衡观测，对于较大尺度的灌区或流域，则需选择若干数量的大面积的区域进行典型水量平衡观测，并且需要考虑多种因素，实施较困难，甚至有些难于直接观测的要素须通过数学模拟或借助遥感技术进行估算（Bastiaanssen 等，1999）。Droogers 和 Geoff（2001）认为随着评价指标研究的发展，一些能够简单描述水分生产率的指标较传统灌溉效率相比有以下优点：一是涵盖了非农业的水资源利用；二是使得农业用水与其他用水的关系更明确。仿真模型及遥感技术的运用可以有效填补相关指标难以获取的问题。

由 IWMI 提出的灌溉水利用效率指标体系可知，不同研究侧重点也不尽相同，在不同尺度水量平衡要素的计算方法也不同，但水量平衡模型仍是指标量化的基础，明确了不同尺度范围对节水灌溉评价的影响。然而此指标体系仍存在以下问题：虽然建立了相对完整的水量平衡框架，但组成框架的部分要素还是无法确定，无法解决水质的尺度影响、回归水利用的经济问题、区域灌溉时效性等问题对评价的影响；同时 IWMI 提出的指标对节水灌溉评价的适用性还处于研究探讨阶段。

国内关于灌溉用水效率的研究主要为利用不同的指标、尺度或方法，对灌区进行灌溉水利用系数测算。邵东国等（2012）构建了农业用水效率的评价指标体系，采用改进的突变理论评价方法对湖北省 2001—2010 年的农业用水效率进行了综合评价；冯保清（2013）针对我国不同尺度下的灌溉用水效率，提出了有效利用系数评价的理论方法和影响因素；战家男（2013）对宁夏回族自治区灌溉用水有效利用系数进行了测算，并提出了评价指标体系；冯峰等（2017）针对引黄灌区灌溉用水用效利用的评价问题，提出了用水流向跟踪法对灌溉用水有效利用影响因子进行识别，并以三义寨灌区为例，构建了包含工程、自然和管理因素等 3 个子系统 19 个具体指标组成的评价指标体系；珠江水利科学研究院从流域管理角度开展了省级灌溉水利用系数评价，2015 年从组织机构、测算依据、测算方法、测算流程、典型代表性、测算成果整理等方面对贵州省灌溉水利用系数进行了评价；2016 年建立了省级灌溉水有效利用系数测算过程评估指标体系（杨芳等，2016）；2017 年对广西典型灌区从纵向对比（历年系数变化合理性）、横向对比（与同类灌区系数比较）等两方面进行了评价，积累了灌溉水利用系数评价的经验。

由于大尺度、长时间获取有关水平衡要素的困难性，近年来数值模拟技术被应用于各种条件下不同尺度水量平衡要素的模拟以及作物产量的模拟，进行灌溉水利用效率指标的计算和用水管理策略的分析评价。在田间尺度模型方面，ORYZA 2000（Bouman 等，2001）可用来模拟水稻在不同灌溉及施肥措施下的田间水分、养分运移及生长过程和产量。SWAP（Dam 等，1997）则被广泛应用于旱作水分运移及产量的模拟。

分布式流域水文模型近年来在灌区尺度得到了广泛的应用，其中有代表性的模型有 SWAT。由于 SWAT 模型既可模拟水量转化过程，又可模拟作物产量，因而可用于灌区水平衡要素及作物产量模拟（胡远安等，2003；代俊峰，2007）。MODFLOW（Guiger 等，1996）是不同尺度地面水、地下水相互作用模拟中较好的模型之一。Sophocleous 等（2000）将 SWAT 模型和 MODFLOW 结合起来研究灌区水文循环问题；Elhassan 等（2004）将水箱模型修改后用来模拟稻田的水平衡过程，并将其与地下水模型结合，用来模拟水稻种植区地表水、地下水联合应用策略及其对区域浅层地下水平衡的影响。IWMI 的研究人员（Droogers 和 Geoff，2001）将 SWAP 和 SLURP 模型结合起来，模拟灌区的水平衡及作物产量问题，并进行相关指标的计算和用于不同水管理策略的评价。

1.3 存在的问题

灌溉水有效利用系数一直以来被作为灌区灌溉用水评价的一个最重要的指标，目前我国灌溉水有效利用系数的确定方法主要有两种：一种是传统方法典型渠段测量法，即用各级渠道水利用系数和田间水利用系数的乘积来表示，能够反映各级渠道输水利用率状况；另一种是首尾测算分析方法，即田间实际净灌溉用水总量与灌区渠首引入的毛灌溉用水量之比，测定方法简单。

《灌溉与排水工程设计规范》（GB 50288—2018）中灌溉水有效利用系数采用传统方法典型渠段测量法进行，这种连乘计算的方法与灌区设计思路相一致，各项参数具有明确的实际意义，各级渠道水利用系数和田间水利用系数也可以通过广泛熟悉的方法获取，但仍存在一系列问题，由于一个灌区的固定渠道一般都有干、支、斗、农 4 级，大型灌区更多，测定其灌溉水有效利用系数时需要选择众多典型灌区进行测定，测定工作量大，测定所需的条件难以保证，为减少工作量，一般采用选用典型渠道和典型田块测定的方法，但对于一个大中型灌区，控制灌溉面积很大，典型也难以保证代表一般，因此采用传统的灌溉用水效率测算方法很难全面测算准确。但传统的典型渠段测量法可以反映灌区各级渠道在灌水过程中的损失情况，同时也可以看出田间水的利用率，为灌区如何进行节水改造提供理论支持，这些优势也是首尾测算法不具备的。

首尾测算法具有可靠的理论基础，而且操作比较简便，准确性相对较高，适合基层灌溉管理单位运用，是对灌溉水有效利用系数研究和测定方法的一种突破（李英能，2009），因此水利部在《细则》中面向全国推荐采用首尾测算法来测定农田灌溉水有效利用系数。但采用首尾测算法在全面推行实践后，也发现了一些问题，主要有以下几个方面。

（1）样点灌区选择与典型田块选取是灌溉水有效利用系数测算分析工作的基础，其重要性不言而喻，但在实施过程中又受地形、农户经营、用水习惯等方面的影响，实际操作中很难完全满足《细则》中对样点灌区数量、类型、规模等"代表性、可行性、稳定性"的规定，且对作物种植相当分散的灌区，农作物的种植面积以及实际灌溉面积都采用逐级统计上报的方法获得，其数据准确性难以复核，从根本上影响着净灌溉用水量的最终计算结果。

（2）测算分析过程中判断充分灌溉还是非充分灌溉是准确获得典型田块年亩均净灌溉用水量的前提（1 亩＝0.0667hm²），首尾测算法要对典型田块土壤含水量进行多次测量，并据此计算出田间实际净灌溉用水量，因此，要求参与测量人员具有一定理论知识和技术水平。尤其是当田间观测资料不足、需要以作物净灌溉定额来计算亩均净灌溉用水量时，需要根据蒸发量、有效降水量、地下水利用量、土壤储水量的变化等一系列资料来推算作物净灌溉定额，这种方法对测量人员的理论水平要求更高；测试渠首取水量的方法通常有水工建筑物量水和采用仪器量水（如流速仪、明渠超声波流量计等），测试田间净灌溉水量的方法有取土烘干法、仪器法等。这些测试方法不仅对测试人员的要求高，用到的仪器也较多，对于一般中小型灌区而言，其软硬件配置很难达到测算要求。此外，净灌溉用水量分析计算要首先分析作物净灌溉定额，而分析作物净灌溉定额需要作物腾发量相关资料，这些资料的获取需要极其专业的设备和一定的技术水平。

（3）对于灌溉水有效利用系数中的毛灌溉用水量是指灌区从水源取用的灌溉总水量，《细则》要求"该水量应通过实测确定"，但对南方灌区而言，水源不唯一，渠道存在明显越级，某些次要水源的毛灌溉用水量就只能通过统计获得，且南方河网水系发达，很多时候都是从河网水系直接取水，堰坝拦水或一台小水泵即可随时随地满足农户灌溉用水需求（山区或特殊干旱季节除外），这对毛灌溉用水量的统计计算将产生直接影响，是实际工作中最难控制的因素。

（4）回归水利用扣除较难控制。对于南方灌区取水相对方便的农户而言，水稻种植已经习惯于边灌边排，排水又汇入天然河道或水网，灌区就出现了回归水问题，其利用量与扣除量的确定极其困难，在平原河网区几乎没有明确的流域界限，使得大范围的灌溉水利用系数测算分析变得更为复杂，影响因素趋于多元导致分析计算的误差更大，这些都严重影响了灌溉用水量的准确计算。

综上，现有的灌溉水有效利用系数测算方法虽已极大简化并获得了较为准确的测算系数，但在当前农田灌溉用水计量设施尚未健全的情况下，即使首尾测算法仍需开展大量样点灌区和样点田块的实测工作，对于样点的代表性始终存在争议，如何进一步简化测算工作量且能得到相对准确的区域灌溉水有效利用系数成为当前面临的新问题。另一方面，灌溉水有效利用系数测算方法仍相对单一，缺乏其他独立测算方法的相互验证和参考，难以对测算成果进行多方综合评估，因此仍需对灌溉水有效利用系数（或灌溉用水效率）测算方法进一步深入研究，推出一些理论依据充分、简单易行、操作性强的测算方法，不仅对当前最严格水资源管理"红线"考核意义重大，而且可为我国发展节水灌溉提供可靠的宏观决策依据。

1.4　主要研究内容及技术路线

1.4.1　主要研究内容

本研究以灌溉水有效利用系数测算为工作对象，提出"遥感反演—实地监测—数据综合分析"的方法，同时通过计量经济学方法对灌溉用水效率的近期变化趋势及不同区域间灌溉用水效率差异进行综合分析。具体内容如下。

1. 灌溉水有效利用系数测算分析网络构建和典型灌区（田块）选择

充分利用 2012 年完成的水利普查成果和广东省统计年鉴，并结合 2006 年以来广东省灌溉水有效利用系数测算分析工作成果，根据需要对研究区域的灌区情况进行补充调查，分类统计研究区域各类型灌区（渠灌、井灌）的规模、取水方式、灌溉面积、计量条件等基本信息，明确梳理出研究区（拟选取地级市）灌溉水有效利用系数测算分析网络。

根据代表性、可行性、稳定性的选取原则，综合考虑灌区的地形地貌、土壤类型、工程设施、管理水平、水源条件（提水、自流引水）、作物种植结构以及灌区是否配备量水设施和开展测算分析工作的技术力量等，同时考虑《细则》规定样点灌区数量选取的要求选取典型灌区。根据典型田块的选取原则，在上、中、下游有代表性的渠段控制范围内选取 3 个典型田块。

2. 典型灌区灌溉水有效利用系数监测方案设计与实施

根据典型灌区的计量条件、管理水平、已有灌溉实验记录等条件，设计典型灌区灌溉水有效利用系数监测方案。选择典型田块进行田间放水试验，根据典型田块灌溉前后田面水深的变化或田间土壤计划湿润层土壤含水率的变化来确定某次亩均净灌溉用水量，乘以年内放水灌溉次数，推算该作物年亩均净灌溉用水量；实测灌区全年从水源（一个或多个）取用的用于农田灌溉的总水量作为毛灌溉用水量；根据《细则》提供的加权平均法，测算典型灌区灌溉水有效利用系数。

3. 基于遥感蒸散发模型的作物净灌溉用水量测算

搜集符合频率要求和精度要求的遥感卫片（初步选定 MODIS 卫星传感器），提取遥感信息，反演地表温度、植被指数、反照率等参数，构建区域遥感蒸散发估算模型（拟采用双源能量平衡余项模型），将这三类参数作为输入条件，估算作物蒸发蒸腾量（ET），并根据覆盖面积等信息，测算研究区域作物净灌溉用水量。

4. 基于计量经济学理论的灌溉用水效率模型构建与求解

为测算农业生产的单一投入——灌溉用水的效率，需首先测定农业生产技术效率。计量经济学模型具有宏观性，可以回避典型灌区（田块）到区域灌溉水利用系数指标"点面转换"的技术问题，降低尺度效应对指标的影响。本部分内容融汇计量经济学方法，选取农业生产活动的投入指标和产出指标，构建基于计量经济学理论的农业生产技术效率测算模型，采用参数方法和非参数方法分别构建，并对比计算结果，分析差异产生的原因，得出区域农业生产技术效率结论。

在此基础上，初步选取影响灌溉水有效利用系数的各种因素，采用相关性分析、因果关系检验和脉冲响应分析方法进行灌溉用水对其影响因素的脉冲响应分析，根据方差分解法计算的贡献度，筛选得出灌溉水有效利用系数的主要影响因素；据此构建灌溉水有效利用系数测算的指数模型，基于农业生产技术效率结论，得出农业生产的单一投入——区域灌溉用水的效率。

5. 灌溉水有效利用系数综合分析和测算

根据遥感蒸散发模型计算得出的作物蒸发蒸腾量作为净灌溉用水量，采用典型灌区实地监测的毛灌溉用水量，并结合区域已有灌溉试验等资料，计算区域灌溉水有效利用系数，作为结果 1；根据典型灌区直接监测得出的区域灌溉水有效利用系数作为结果 2；根据计量经济学农业生产技术效率测算模型和指数模型，测算出的区域灌溉用水效率变化趋势及历年灌溉水效率变化趋势，将灌溉水有效利用系数两种结果进行对比验证，与历年灌溉水有效利用系数趋势进行对比分析，选择相同年型的灌溉用水效率指标进行对比，结合灌区节水改造等工作，进行合理性分析，综合给出区域灌溉水有效利用系数结论，为最严格水资源管理的用水效率指标考核提供遥感反演、直接监测、计量经济学模型三种手段的数据支撑和结论参考。

1.4.2　技术路线

本研究提出的区域灌溉水有效利用系数测算方法，采用遥感蒸散发模型计算得出的区域作物净灌溉用水量，与实地监测的毛灌溉用水量相除，计算得出区域灌溉水有效利用系数 IE_R。针对灌溉水有效利用系数建立覆盖性（灌区代表）、可靠性（测量设施，推算方法等）、可信性（结果横向对比、纵向发展合理）三个准则层的评估指标体系，并进行评估。采用面板数据构建计量经济学模型，考虑了历年灌溉实际情况，因此将 IE_R 与之进行对比，分析 IE_R 在灌溉水有效利用系数系列中的变化趋势合理性。从三方面综合分析广东省灌溉水有效利用系数的合理性。

技术路线如图 1.4 - 1 所示。

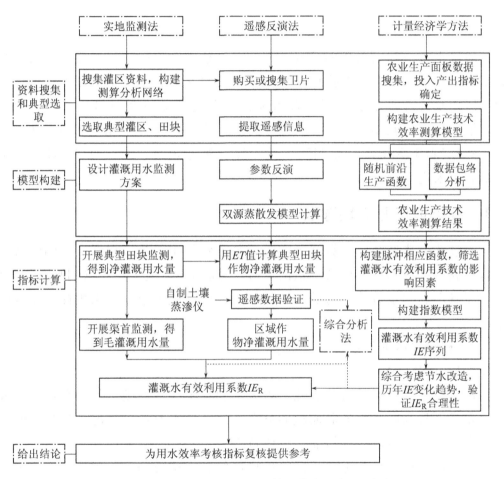

图 1.4-1　灌溉水有效利用系数评估方法技术路线图

第 2 章

基于传统方法的灌溉水有效利用系数测算

灌溉水有效利用系数能反映全灌区渠系输水和田间用水状况，是衡量灌溉水利用程度的一个重要指标，也是集中反映灌溉工程质量、灌溉技术水平和灌溉用水管理水平的一项综合指标。本次测算按照合同书及工作大纲要求，依据《全国农田灌溉水有效利用系数测算分析技术指导细则》（2015版）（全国农田灌溉水有效利用系数测算分析专题组，2013年12月）技术规范和要求进行测算。

2.1 样点灌区及田块选取

通过选取典型灌区测算灌区的灌溉水有效利用系数，根据《全国灌溉用水有效利用系数测算分析技术指南》（以下简称《指南》）和《细则》，测算区域灌溉水利用系数时所选灌区为样点灌区，因此本章统一采用样点灌区的术语。

2.1.1 样点灌区的选取

2.1.1.1 选取原则

样点灌区应按照具有代表性、可行性和稳定性等原则选择。在选择过程中，要考虑省级区域内灌溉面积的分布、灌区节水改造等情况，尽量使所选的样点灌区能基本反映区域灌区整体特点。

（1）代表性。综合考虑灌区的地形地貌、土壤类型、工程设施、管理水平、水源条件（提水、自流引水）、作物种植结构等因素，所选样点灌区能代表区域范围内同规模与类型灌区。

（2）可行性。样点灌区应配备量水设施，具有能开展测算分析工作的技术力量及必要经费支持，保证及时方便、可靠地获取测算分析基本数据。

（3）稳定性。样点灌区要保持相对稳定，使测算分析工作连续进行，获取的数据具有年际可比性。

2.1.1.2 选取对象

根据代表性、可行性、稳定性的选取原则，综合考虑灌区的地形地貌、土壤类型、工程设施、管理水平、水源条件（提水、自流引水）、作物种植结构以及灌区是否配备量水设施和开展测算分析工作的技术力量等，结合实际工作从珠江三角洲和粤东区域选取典型灌区，分别选择广州流溪河灌区和梅州大劲水库灌区、人和潭廖队灌区，所选的典型灌区兼顾了地域分布和规模分布，具有一定的代表性。

1. 大劲水库灌区

大劲水库灌区位于梅州市梅县区南口镇，水源由大劲水库经明渠引流，流经南口镇龙塘、仙湖、侨乡、葵黄、锦鸡、双桥、瑶燕等七个行政村，灌区设计改造渠长 15.975km，并已在施工改造中，改造后将改善灌溉面积 1.45 万亩。新增灌溉面积 0.115 万亩，受益人口 1.3 万人，受益水田 7050 亩，受益旱地 8600 亩，总灌溉面积约 15650 亩，在梅州市梅县区属于典型的中型灌区。

2. 人和潭廖队灌区

人和潭廖队灌区位于梅州市梅县区丙村镇人和村，距离梅县城区约 24km，水源由两台 30kW 抽水泵抽提梅江干流水，经明渠引流，设计干渠总长 2.765km，并已在施工改造中，改造后受益为人和村一个行政村，受益人口约 2212 人，受益水田 820 亩，受益旱地 380 亩。有效灌溉面积约 1200 亩，在梅州市梅县区属于典型的小型灌区。

所选中小型样点灌区地理位置如图 2.1-1 所示。

3. 流溪河灌区

流溪河灌区始建于 1958 年秋，位于广州市东北面，是广东省的三大灌区之一。灌区工程由大坳拦河坝、李溪拦河坝和渠系建筑物等组成。大坳拦河闸坝位于流溪河中下游的从化区神岗镇境内，是灌区的主要引水枢纽，设左右干渠两个进水闸，左干渠设计引水流量 11.03m³/s，右干渠设计引水流量 22.36m³/s。左干渠流经从化区的神岗、太平和广州郊区的钟落潭、竹料、太和、三元里等区，全长 47km，支渠 22 条，总长 91km，灌溉面积 11.8 万亩。右干渠流经花市和花都区，至梨园分水枢纽后，分为右干渠和花干渠。其中右总干渠长 29.7km，支渠 14 条，长 23km，灌溉面积 3.6 万亩；右分干渠 2 条，长 34km，灌溉面积 14 万亩；花干渠又分 2 条，总长 47km，灌溉面积 10.6 万亩。李溪拦河坝兴建于 1966 年，拦截大坳拦

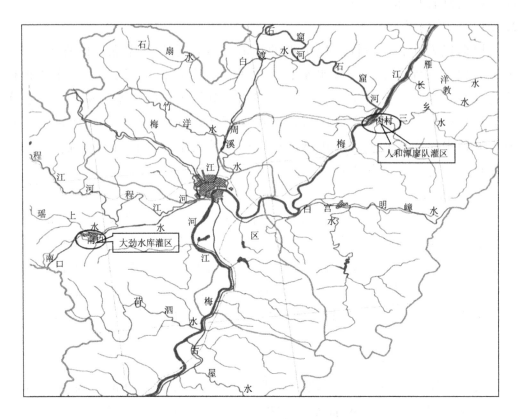

图 2.1-1 中小型样点灌区地理位置图

河坝以下的回归水，补充灌区水量不足。灌区设计总灌溉面积 41 万亩。经多年投入运行以后的实际调查，灌区已被分为花都灌区和白云灌区两个中型灌区，设计灌溉面积分别为 14.23 万亩和 16.72 万亩，实际灌溉面积为 3.5 万亩和 6.4 万亩。

2.1.2 样点田块的选取

2.1.2.1 选取原则

典型田块要边界清楚、形状规则、面积适中；综合考虑作物种类、灌溉方式、畦田规格、地形、土地平整程度、土壤类型、灌溉制度与方法、地下水埋深等方面的代表性；有固定的进水口和排水口（一般来说，水稻在灌溉过程中不排水，将排水作为特殊情况考虑，不选串灌串排的田块）；配备量水设施。对于播种面积超过灌区总播种面积 10% 的作物种类，须分别选择典型田块。

中型灌区样点灌区应至少在上下游有代表性的农渠控制范围内分别选取，每种需观测的作物种类至少选取 3 个典型田块。

小型灌区样点灌区应按照作物种类、耕作和灌溉制度与方法、田面平整程度等因素选取典型田块，每种需观测的作物种类至少选取 2 个典型田块。

在同种灌溉类型下每种需观测的作物至少选择 2 个典型田块，典型田块范围与数量选取要求见表 2.1 – 1。

表 2.1 – 1 　　　　　　　典型田块范围与数量选取要求参考表

灌区 规模与类型	样点灌 区片区	灌区主要 作物种类 m	典型田块 选取数量 N	典型田块总数量
中型 灌区	上游	作物 1	≥3	$N = \sum_{j=1}^{n} \sum_{i=1}^{m} N_{ij}$ 式中：n 取值 1、2，分别指上游、下游；其他符号意义同上
		作物 2	≥3	
		…	≥3	
	下游	作物 1	≥3	
		作物 2	≥3	
		…	≥3	
小型 灌区	—	作物 1	≥2	$N = \sum_{i=1}^{m} N_i$ 式中：m 为小型灌区样点灌区作物种类数量；N_i 为小型灌区样点灌区第 i 种作物典型田块数量
		作物 2	≥2	
		…	≥2	

2.1.2.2　选取对象

1. 大劲水库灌区

大劲水库灌区在梅州市梅县区内属于典型的中型灌区，南口镇 2016 年 1—11 月种植主要作物为水稻、蔬菜、番薯和金柚，以上 5 种作物在灌区范围的种植比例为水稻 55%、蔬菜 15%、番薯 10%、金柚 7% 及其他作物 13%。本次选取大劲水库灌区上游 3 个水田田块种植水稻，2 个旱地田块使用畦田分隔种植蔬菜和花生；下游选取 3 个水田田块种植水稻，2 个旱地田块使用畦田分隔种植蔬菜和番薯。大劲水库灌区田块选择经纬度见表 2.1 – 2，上游田块选取位置卫星图见图 2.1 – 2，下游田块选取位置卫星图见图 2.1 – 3，样点田块选择现状见图 2.1 – 4。

表 2.1 - 2　　　　　　　　　　大劲水库灌区田块选择经纬度

灌区名称	位置	地下水供给情况	田块编号	进水口	出水口	经　纬　度	
						北纬（N）	东经（E）
大劲水库灌区	上游段	无	水田田块1	1	1	24°16′35″	115°58′26″
			水田田块2	2	1	24°16′32″	115°58′17″
			水田田块3	2	2	24°16′29″	115°58′22″
			旱地田块1	0	0	24°16′11″	115°58′37″
			旱地田块2	0	0	24°16′14″	115°58′34″
	下游段	无	水田田块4	1	1	24°15′56″	115°59′11″
			水田田块5	2	1	24°15′59″	115°59′06″
			水田田块6	2	1	24°16′03″	115°59′02″
			旱地田块3	0	0	24°15′49″	115°59′15″
			旱地田块4	0	0	24°16′06″	115°59′07″

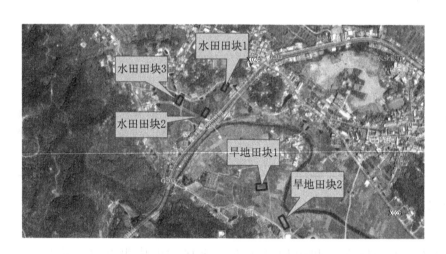

图 2.1 - 2　大劲水库灌区上游田块选取位置卫星图

2. 人和潭廖队灌区

人和潭廖队灌区在梅州市梅县区内属于典型的小型灌区，根据《细则》样点田块选取要领，本次在人和潭廖队灌区内选取 2 个水田田块种植水稻。根据 2015 年丙村镇《2015 年地方志》上报资料丙村镇种植主要作物为水稻、蔬菜、番薯、金柚及其他作物，以上 5 种作物在灌区范围的种植比例为水稻 65％、蔬菜 11％、番薯 10％、金柚 4％及其他作物 10％，本次选取了

图 2.1-3 大劲水库灌区下游田块选取位置卫星图

（a）上游水田田块　　　　　　　　（b）上游旱地田块

（c）下游水田田块　　　　　　　　（d）下游旱地田块

图 2.1-4 大劲水库灌区样点田块选择现状

2 个旱地田块。旱地田块通过畦田分隔种植，分别种植蔬菜和番薯。人和潭廖队灌区田块选择经纬度见表 2.1-3，灌区田块选取位置见图 2.1-5，田块选择现状照片见图 2.1-6。

表 2.1 - 3　　　　　　　　人和潭廖队灌区田块选择经纬度

灌区名称	地下水供给灌溉	田块编号	进水口	出水口	经　纬　度	
					北纬（N）	东经（E）
人和潭廖队灌区	无	水田田块 1	1	1	24°21′29″	116°15′50″
		水田田块 2	1	1	24°21′23″	116°15′48″
		旱地田块 1	0	0	24°21′29″	116°15′59″
		旱地田块 2	0	0	24°21′22″	116°15′52″

图 2.1-5　人和潭廖队灌区田块选取位置图

3. 流溪河灌区

流溪河灌区内主要种植作物为水稻、蔬菜、花生、番薯和水果，本次在灌区内选取了能代表整个灌区的工程情况、种植类型、灌溉方式、畦田规格、地形、土地平整程度、土壤类型、灌溉制度与方法、地下水埋深等情况区域进行田间净灌溉用水量的测算研究工作。本次选取试验田在流溪河灌区上游从化区城康村内，试验田占地 78 亩，分别种植了粮食作物水稻、经济作物蔬菜、花生、黄豆、番薯和水果，水田田块使用界限明显的田埂隔开，旱地田块使用畦田分隔种植，山地按照排列顺序种植水果等。

样点灌区所选取的水田田块和旱地田块属于独立田块，四周均为笔直田埂，形状均易计算所选田块面积，面积约为 2 亩，较为适中。水田田块均有固定的进水口和出水口，旱地田块有蓄水池，所有田块在研究开展前进行了田埂、进水口和排水口等修缮。

（a）水田田块1　　　　　　　　（b）水田田块2

（c）旱地田块1　　　　　　　　（d）旱地田块2

图 2.1-6　人和潭廖队灌区田块选择现状照片

水田田块以直流引水和直流排水方式控制田块水量，旱地田块主要以浇灌为主。旱地田块使用畦田分开种植，畦田规格一般宽 0.8～1.5m，长度与田块边界长度相同，所选田块均无地下水补给。

2.2　灌区灌溉水有效利用系数测算方法

根据梅州和广州两个试点灌区的实际情况，分别采用首尾测算法和系数相乘法开展典型灌区监测和灌溉水有效利用系数测算工作。其中，梅州地区具有大面积的水稻种植，符合典型田块选取的要求，因此，在梅州典型灌区采用首尾测算法；广州流溪河灌区测算渠系水利用系数，并根据各类作物（主要是菜地）需水定额计算作物净灌溉用水量，计算田间水利用系数，将渠系水利用系数和田间水利用系数相乘得到灌溉水有效利用系数。

2.2.1　实施测算工作思路

1. 首尾测算法

样点灌区选择梅县大劲水库灌区（中型灌区）及人和潭廖队灌区（小型

灌区),测算工作按照《细则》进行,其中样点田块分别选择水田和旱地进行,对于中型灌区水田在上下游分别选择 3 个样点田块进行测算,旱地在上下游分别选择 2 个样点田块进行测算;小型灌区水田、旱地分别各选择 2 个样点田块进行测算,测算工作流程见图 2.2-1 所示。

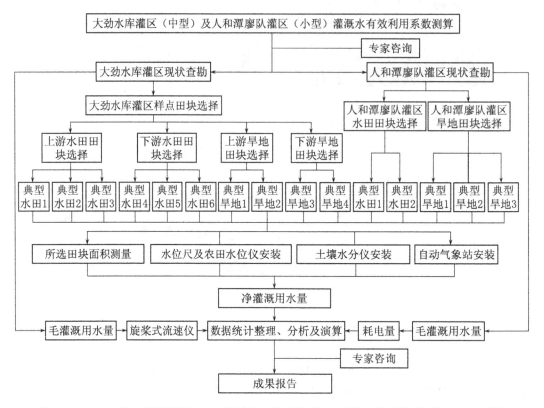

图 2.2-1　大劲水库灌区和人和潭廖队灌区灌溉水有效利用系数测算工作流程图

2. 系数相乘法

流溪河灌区灌溉水利用系数测算分为渠系水利用系数测量和田间水利用系数测量。

渠系水利用系数测量:主要是为更好地了解所选工程的实际取、用、耗、排水情况,开展灌区渠系水利用系数测算。

田间水利用系数测量:主要是为了更好地了解田间作物的实际耗水量,开展田间水利用系数测算。

根据测量数据进行断面流量测算演绎,并与获得的现有资料进行比对得出此次测量的结果,并进行汇编,形成流溪河灌区渠系水利用系数,通过获得田间水利用系数测算得到流溪河灌区灌溉水有效利用系数。测算工作流程见图 2.2-2 所示。

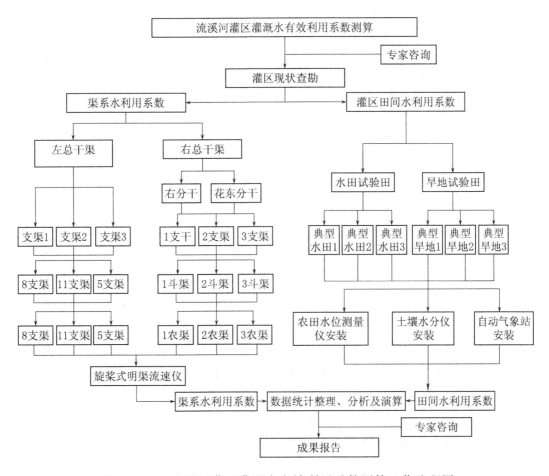

图 2.2-2　流溪河灌区灌溉水有效利用系数测算工作流程图

2.2.2　净灌溉用水量的测定方法

根据样点灌区的实际情况，综合考虑灌区的地形地貌、土壤类型、工程设施、管理水平、水源条件（电灌、自流引水）、作物种植结构以及灌区是否配备量水设施和开展测算分析工作的技术力量等，采用直接观测法对灌区进行了净灌溉用水量的测定，测算方法具体如下。

1. 样点田块观测实施方案

大劲水库灌区上、下游共选取了 6 个水田田块，人和潭廖队灌区共选取了 2 个水田田块，在每个田块四个角安装农田水位测量仪，记录田间水量的变化，每天上午 7:30—9:30 到仪器安装地点完成仪器读数，在整个作物生长周期内（晒天—收割）记录水田田块每天灌溉灌水时间、水位测量仪读数、下雨时间、作物生长期阶段、灌溉情况和其他事项。（时间精确到分，如 2016 年 1 月 8 日 8 点 15 分至 2016 年 1 月 8 日 17 点 30 分灌溉，仪器读数严格按照仪器精度读数）。大劲水库灌区共选取了 4 个旱地田块，人和潭廖队灌区共选取了 3 个旱地田块，在田块靠近作物根系处安装土壤水分仪，记录旱地土壤水分变化情况，每天上午 7:30—9:30 到仪器安装地点完成仪器读数，在整个作物生长周期内（晒天—收割）记录旱地田块每天灌溉灌水时间，土壤水分测量仪读数、天气情况等。

流溪河灌区每个田块四个角安装农田水位测量仪，记录田间水量的变化，每天上午 7:30—9:30 到仪器安装地点完成仪器读数，在整个作物生长周期内（晒天—收割）记录水田田块每天灌溉灌水时间、水位测量仪读数、下雨时间、作物生长期阶段、灌溉情况和其他事项。（日期精确到分，如 2016 年 6 月 8 日 8 点 15 分至 2016 年 6 月 8 日 17 点 30 分灌溉，仪器读数严格按照仪器精度读数）。旱地田块，在田块四个角安装土壤水分仪，记录旱地土壤水分变化情况，每天上午 7:30—9:30 到仪器安装地点完成仪器读数，在整个作物生长周期内（晒天—收割）记录旱地田块每天灌溉灌水时间，土壤水分测量仪读数、天气情况等。

观测数据采集表采用表 2.2-1 记录数据，所采集数据通过式（2.2-1）～式（2.2-4）进行计算，得出作物净灌溉用水量。

2. 气象数据观测

为了获得更为准确的气象数据，在大劲水库灌区和人和潭廖队灌区分别安装 1 台自动气象采集仪器，仪器经太阳能自蓄电供能运行，通过信号连接，由主控电脑直接控制。

3. 淹水灌溉净灌溉用水量

根据样点田块灌溉前后田面水深的变化来确定某次亩均净灌溉用水量，计算公式为

$$w_{田净i} = 0.667(h_2 - h_1) \tag{2.2-1}$$

式中　h_1——某次灌水前样点田块田面水深，mm；

　　　h_2——某次灌水后样点田块田面水深，mm。

4. 湿润灌溉和旱地田块净灌溉用水量

$$w_{田净i} = 0.667H(\theta_{v2} - \theta_{v1}) \tag{2.2-2}$$

式中　θ_{v1}——某次灌水前样点田块 H 土层内土壤体积含水率，％；

　　　θ_{v2}——某次灌水后样点田块 H 土层内土壤体积含水率，％；

　　　H——灌水期内样点田块土壤计划湿润层深度，mm。

5. 样点田块年亩均净灌溉用水量

在各次亩均净灌溉用水量 $w_{田净i}$ 的基础上，推算该作物年亩均净灌溉用

水量 $w_{田净}$，即

$$w_{田净} = \sum_{i=1}^{n} w_{田净i} \qquad (2.2-3)$$

式中　$w_{田净}$——某样点田块某作物年亩均净灌溉用水量，m^3/亩；

　　　n——样点田块年内灌水次数，次。

表 2.2-1　灌区_____田块(_____经纬度)用水观测记录表

日期 /(年-月-日)	时刻 /(时:分)	水尺读数 /mm	生长期阶段	灌溉情况选择				观测阶段			
				泡田灌溉(淹水灌溉)	湿润灌溉	落干	晒田	灌水(前后观测)	降雨(前后观测)	生育阶段转化(前后观测)	其他正常生长期

注　泡田灌溉：每天读数一次，灌水前后、降雨前后、生育阶段转化前后加测。

　　湿润灌溉：每隔 5～10 天测一次土壤含水量，灌水前后、降雨前后、生育阶段转化前后加测。

　　生长期阶段：包括秧田期(播种出苗，幼苗，成苗)和本田期(移植回青，分蘖前期，分蘖后期，拔节孕穗，抽穗开花，乳熟期，黄熟期)，填写括号内的具体阶段。

　　灌溉情况选择：在对应的情况下打"√"。

　　观测阶段：在对应的情况下打"√"。

　　灌水(前后观测)：分别记录"灌水前"，"灌水后"。

　　降雨(前后观测)：分别记录"降雨前"，"降雨后"。

　　其他正常生长期：同"生长期阶段"。

6. 大中小型灌区样点灌区年净灌溉用水总量

计算公式为

$$W_{样净} = \sum_{j=1}^{n} \sum_{i=1}^{m} w_{ij} \cdot A_{ij} \qquad (2.2-4)$$

式中　$W_{样净}$——样点灌区年净灌溉用水总量，m^3；

　　　w_{ij}——样点灌区 j 个片区内第 i 种作物亩均净灌溉用水量，m^3/亩；

　　　A_{ij}——样点灌区 j 个片区内第 i 种作物灌溉面积，亩；

　　　m——样点灌区 j 个片区内的作物种类，种；

　　　n——样点灌区片区数量，个；大型灌区 $n=3$，中型灌区 $n=2$，小型灌区 $n=1$。

2.2.3 毛灌溉用水量的测定

人和潭廖队为农田灌溉泵站，灌溉提水量即为农田毛灌溉用水量。测定每次灌水的提水量，即可得到全年的毛灌溉用水量。大劲水库灌区和流溪河灌区为明渠引流方式进行输灌，使用旋桨流速仪进行测算分析。

根据现场调查，大劲水库灌区为通过水库大坝后经明渠流量计进行引流灌溉，总干渠渠首为标准矩形混凝土衬砌渠道，渠尾直接引入农田，因此，可以认为弃水量为 0。流溪河灌区为通过大坳拦河坝后经明渠流量计进行引流灌溉。本次选取测流断面规则、顺直，符合流速仪测流条件，所采集数据通过式（2.2-5）～式（2.2-7）[公式摘自《灌溉渠道系统量水规范》（GB/T 21303—2017）]进行计算，得出灌区毛灌溉用水量。

1. 测流断面的选择

本次所选的测流断面渠段平直，渠床比较规则完整，无杂草、淤泥、水流均匀平顺的渠段。

2. 测定流速

根据《灌溉渠道系统量水规范》（GB/T 21303—2017）中所述测流方法定测线数目，侧线选择垂线布设间距见表 2.2-2。垂线上的平均流速计算公式为

$$\overline{V} = \frac{V_{0.2} + V_{0.6} + V_{0.8}}{3} \tag{2.2-5}$$

式中　　　　$\overline{V}$——垂线上的平均流速；

$V_{0.2}$、$V_{0.6}$、$V_{0.8}$——相应下标点位置对应深度的水流速度。

表 2.2-2　　　　平整断面上不同水面宽的测速垂线布设间距

水面宽/m	测线间距/m	侧线数目
20~50	2.0~5.0	10~20
5~20	1.0~2.5	5~8
1.5~5	0.25~0.6	3~7

3. 断面过水流量的计算

因流速在全断面分布不均，所以流速测量的部分流速，需要与相应部分面积相乘，得出部分流量；各部分流量之和即为全断面的总流量。本次测量所选断面为矩形断面，按长方形面积计算。

$$q = \overline{V} f \tag{2.2-6}$$

式中　q——流过断面流量；

$\overline{V}$——各垂线上的平均流速；

f——各断面面积。

断面流量计算按照式（2.2-7）计算，即

$$Q = q_{0,1} + q_{1,2} + q_{2,3} + \cdots + q_{n,n+1} \qquad (2.2-7)$$

式中　Q——断面流量，m^3/s；

$q_{n,n+1}$——测流垂线间部分流量，m^3/s。

2.2.4　灌区灌溉水有效利用系数测算分析方法

用灌入田间可被作物吸收利用的水量（净灌溉用水量）与灌区从水源取用的灌溉总水量（毛灌溉用水量）的比值来计算灌区灌溉水有效利用系数，计算公式为

$$\eta = \frac{W_净}{W_毛} \qquad (2.2-8)$$

式中　η——灌区灌溉水有效利用系数；

$W_净$——灌区净灌溉用水总量，m^3；

$W_毛$——灌区毛灌溉用水总量，m^3。

2.2.5　渠道水利用系数测算

渠系水利用系数反映了从渠首到末级渠道的各级输、配水渠道的输水损失，表示了整个渠系的水的利用率，其值等于各级渠道水利用系数的乘积。

2.2.5.1　典型渠道的选择要求

典型灌区选定后需选择该灌区的典型渠道进行渠道水利用系数测算。

（1）代表性的典型渠道的选择。典型渠道应包括衬砌渠道和未衬砌渠道，其工程完好率分别接近全灌区该级衬砌和未衬砌渠道的工程完好率，过水流量接近该级渠道的平均值。典型渠段的工程完好率和过水流量应接近典型渠道的平均值。

（2）测流断面的选择。应选择在渠段平直、水流均匀、无旋涡或回流的地方，断面应与水流方向垂直。测流段应基本具有稳定规则的断面。全面、认真地检查拟测渠道，清除测水断面处及附近淤积物和石块等，保持测流断面的完整和通畅。

（3）测量方法的选择。测定时尽量采用流速仪表、量水建筑物测流。采用其他方法时，要用流速仪来率定。

（4）测定条件要求。应在实际渠道运行条件下测定流量及水量。测段内分水口正常分水，测量时段内渠道（渠段）流量应尽可能保持稳定。

（5）测量渠道数量的选择。为减少工作量，可采取抽样测量，衬砌与未衬砌渠道分别进行测壁。

2.2.5.2 计算公式

1. 渠段水利用系数的计算

为了更接近实际渠道情况和便于测量，采用动水测定法测定渠道水利用系数。观测典型渠段始、末端两个断面同时段的流量，计算公式为

$$\eta_{典型c}=\frac{W_{典型c}}{W_{典型r}}=\frac{Q_{典型c}}{Q_{典型r}} \tag{2.2-9}$$

式中 $\eta_{典型c}$——典型渠段的渠道水利用系数；

$W_{典型c}$、$W_{典型r}$——同时期典型渠道末端放出和首端进入的水量，m^3；

$Q_{典型c}$、$Q_{典型r}$——同时期典型渠道末端放出和首端进入的流量，m^3/s。

2. 渠道输水损失率的计算

（1）测量时段内典型渠段的损失水量用下式计算：

$$W_{典型s}=W_{典型r}-W_{典型c} \tag{2.2-10}$$

式中 $W_{典型s}$——测量时段内典型渠段的损失水量，m^3；

$W_{典型r}$——测量时段内典型渠段首端断面的水量，m^3；

$W_{典型c}$——测量时段内典型渠段末端断面的水量，m^3。

（2）典型渠段的输水损失率和水利用系数用下式计算：

$$\delta_{典型c}=\frac{W_{典型s}}{W_{典型r}} \tag{2.2-11}$$

$$\eta_{典型c}=1-\delta_{典型c} \tag{2.2-12}$$

式中 $\delta_{典型c}$——典型渠段的渠道输水损失率。

（3）渠道单位长度的输水损失率用下式计算：

$$\sigma_c=[k_2+k_3(k_1-1)(1-k_2)]\frac{\delta_{典型c}}{L_{典型c}} \tag{2.2-13}$$

$$k_1=1+\frac{Q_{典型c}}{Q_{典型r}}$$

$$k_2=0.5\left(1-\frac{1}{6}\times\frac{\Delta B_{典型c}}{B_{典型r}}\right)$$

$$k_3=0.5\frac{l_{典型c}}{L_c}$$

式中　σ_c——渠道单位长度输水损失率；

$\qquad k_1$——输水修正系数；

$\qquad k_2$——分水修正系数，可以用渠道控制区宽度计算；

$\Delta B_{典型c}$——渠道首部与尾部控制区的宽度差；

$\quad B_{典型r}$——渠道控制区的平均宽度（若接近均匀分水则 $k_2=0.5$）；

$\qquad k_3$——位置修正系数；

$\quad l_{典型c}$——典型渠段中心到典型渠道渠首的距离；

$\qquad L_c$——典型渠道长度；

$\quad L_{典型c}$——典型渠段长度。

3. 渠道水利用系数的计算

渠道的输水损失率和水利用系数用下式计算：

$$\delta_c = \sigma_c L_c \qquad\qquad (2.2-14)$$

$$\eta_c = 1 - \delta_c \qquad\qquad (2.2-15)$$

式中　δ_c——渠道输水损失率；

$\qquad L_c$——某级渠道平均长度，为该级渠道总长除以总条数；

$\qquad \eta_c$——渠道水利用系数。

2.2.5.3　渠道水利用系数的综合测定法

渠道水利用系数测算的方法很多，较常见的有传统测定方法、综合测定法和首尾测算分析方法。本次测试采用综合测算分析方法。

综合测定法是在分析研究的基础上提出的，既克服了传统测定方法中工作量大，需要大量人力、物力才能完成的缺点，又弥补了只测量典型渠段而引起较大误差的不足，而且能反映出灌区渠系用水情况、渠道工程质量及渠道用水管理水平等。为灌区今后经常性地测量符合实际的渠道水利用系数及指导灌区节水工程改造等提供了一种切实可行的计算方法。

采取渠道抽样测量法，对衬砌渠道和未衬砌渠道分别进行测量，根据渠道沿线的水文地质条件，选择有代表性的渠段（中间无支流），其数量和长度要求见表 2.2-3 和表 2.2-4。

表 2.2-3　　　　　　　　灌区选择代表性渠段

渠道级别	总干渠	干渠（含分干）	支渠	斗渠以下
渠段数量	1条	2条	2条	3条

表 2.2 - 4　　　　　　　　　　　典型渠段长度标准表

流量范围	<1m³/s	1～10m³/s	10～30m³/s	>30m³/s
渠道长度	不小于 1km	不小于 3km	不小于 5km	不小于 10km

2.2.5.4　测量技术与方法

1. 测定准备工作

（1）全面认真检查拟测渠道，清除测水断面上及附近淤积物和石块等，保持测流断面的完整和通畅。

（2）校正水尺零点，如水尺已遭破坏应在测水前及时修复。

（3）详细检查已安装的量水设备，如发现有歪、斜、漏水、阻水等情况时应及时采取措施予以恢复。

2. 测定仪器要求

测定时尽量采用流速仪表、量水建筑物测流为宜。采用其他方法时，要用流速仪来率定。

3. 测定过程要求

测量时段内渠道（渠段）流量应尽可能保持稳定，测定时间间隔为20～60min，各测量断面可同步测量，也可考虑水流到达各断面时间上的差异，采用非同步测量。

4. 数据记录要求

（1）观测水尺时，先读一次，将读数记入相应表内规定的栏中，然后重读一次，以便校核，如记录需要改正时，将错误的数字用双斜线划掉，另填正确的数字。

（2）在有风浪影响的情况下，观测水位时，应将最高和最低水位的读数记下，取其平均值。

（3）在测量断面进行测流、测速和测水深的同时应记录测流断面尺寸及测量时间。

（4）记录表内规定的栏目必须全部观测、逐栏填写，若遇特殊情况无法填写观测时，应在备注栏内说明。

2.2.5.5　测量主要仪器

主要仪器采用南水牌 XZ - 3 型流速仪 2 台、50m 长皮尺 2 把、10m 钢卷尺 2 把、5m 测深标杆尺 2 把、40m 长麻绳 2 根、两岸固定桩 4 支、钉锤 2 把、测距仪 1 台、连体水衣裤、安全绳及水上救生衣。

2.2.6　田间水利用系数测算

田间水利用系数是田间植物的有效耗水量与送入田间水量比值，田间植物有效耗水量 W_j 的分析计算以作物净灌溉定额为基础。本次测算中样点灌片主要作物的净灌溉定额采用以下方法获取：如果典型灌区当地有灌溉试验站且有近年田间试验数据，则采用实际试验结果；如果没有相关试验数据，则参考典型灌区所在地区主要作物灌溉定额相关资料；对于采用节水灌溉的区域，以节水灌溉制度设计的净灌溉定额为基础进行推算。

田间水利用系数用式（2.2-16）计算：

$$\eta_f = \frac{W_j}{W_f} \qquad (2.2-16)$$

式中　η_f——灌区田间水利用系数；

$\quad\quad W_j$——灌区净灌溉用水总量，m^3；

$\quad\quad W_f$——灌区末级固定渠道放入田间的水量，m^3。

2.2.7　系数相乘法灌溉水有效利用系数计算方法

用灌入田间可被作物吸收利用的水量（净灌溉用水量）与进入毛渠水量的比值计算田间水利用系数，以测算的渠系水利用系数与田间水利用系数的乘积来计算灌区灌溉水有效利用系数，计算公式为

$$\eta = \eta_{渠系} \times \eta_{田} \qquad (2.2-17)$$

式中　η——灌区灌溉水有效利用系数；

$\quad\quad \eta_{渠系}$——渠系水利用系数，m^3；

$\quad\quad \eta_{田}$——田间水利用系数，m^3。

2.3　典型灌区灌溉用水有效利用系数测算结果

2.3.1　样点灌区基本概况

2.3.1.1　大劲水库灌区

1. 灌区特性分析

大劲水库灌区渠道设计总长 15.975km，至 2015 年已改造灌溉渠道12.7km。其中总干渠长 0.223km，东干渠长 8.58km，锦鸡支干渠长0.88km，西干渠长 2.15km，仙湖支干渠长 0.3km，龙塘支干渠长 0.2km，侨乡支干渠长 0.3km；重建水闸 31 座，总改造完工率为 80%。大劲水库灌区设计渠系特性表见表 2.3-1。

表 2.3 - 1   大劲水库灌区设计渠系特性表

项目名称	渠道长度/km	受益面积/亩	设计流量/(m³/s)	加大流量/(m³/s)
总干渠	0.223	15650	1.864	2.33
东干渠	9.35	10450	1.494	1.868
锦鸡支干渠	1.372	2100	0.250	0.325
西干渠	3.150	1250	0.37	0.48
侨乡支干渠	0.400	250	0.030	0.039
仙湖支干渠	1.100	1100	0.131	0.170
龙塘支干渠	0.380	500	0.060	0.077
合计	15.975			

2. 灌区渠系现状

大劲水库灌区 2016 年渠系现状见图 2.3 - 1。

（a）总干渠渠首现状

（b）总干渠现状

（c）东西干渠渠首现状

（d）东干渠现状

图 2.3 - 1（一） 大劲水库灌区 2016 年渠系现状

（e）大劲水库大坝现状　　　　　　　（f）下三级渠道现状

（g）侨乡村支渠现状

图 2.3-1（二）　大劲水库灌区 2016 年渠系现状

2.3.1.2　人和潭廖队灌区

1. 灌区特性分析

人和潭廖队灌区为提水式电灌站，是经梅江河提水进入蓄水池后经明渠输送灌溉，灌区经总干渠后分为南、北干渠，设计改造整个灌区总长 2.765km，至 2015 年已改造 2.28km，总改造完工率为 83%，灌区渠系设计特性见表 2.3-2 和表 2.3-3，人和潭廖队灌区 2016 年渠系现状见图 2.3-2。

表 2.3-2　　　　　　　人和潭廖队灌区设计渠系特性表

渠道名称	渠道长度 /m	现状断面 宽×高/m	设计流量 /(m³/s)	控制灌溉面积		备注
				水田/亩	旱地/亩	
人和潭廖队灌-01	300	1.5×1.2	0.0405	280	176	排灌结合
人和潭廖队灌-02	100	1.5×1.2	0.0041	45	5	排灌结合
人和潭廖队灌-03	1180	1.3×0.7	0.0369	285	165	干渠
人和潭廖队灌-04	85	0.8×0.8	0.0046	49	7	支渠
人和潭廖队灌-05	300	0.5×0.5	0.0123	125	25	支渠
人和潭廖队灌-06	800	0.4×0.4	0.0031	36	2	支渠
合计	2765			820	380	

表 2.3-3　　　　　　人和潭廖队灌区设计电灌站特性表

单元	人和潭廖队电灌站	数值	特性
厂房	型式		钢筋混凝土框架厂房
	地基特性		砾质黏土
	主厂房尺寸（长×宽×高）/m		8.5×5.0×7.6
	地震烈度/度	Ⅵ	
	水泵安装高程/m	94.20	
	主要机电设备		
水泵	台数/台	2	
	型号		250S14 型混流水泵
	电机		
	型号	YX3-200L-4	
	功率/kW	30	
	流量/(m³/h)	485	
	额定电压/kV	0.4	
	转速/(r/min)	1470	
	效率/%	93.6	

2. 灌区渠系现状

人和潭廖队灌区 2016 年渠系现状见图 2.3-2。

（a）电灌泵站　　　　　　　　　　　（b）渠首现状

图 2.3-2（一）　人和潭廖队灌区 2016 年渠系现状

（c）下三级渠道现状   （d）人和村段渠道现状

（e）干渠渠道现状   （f）支渠现状

图 2.3-2（二） 人和潭廖队灌区 2016 年渠系现状

  至 2015 年，梅州市梅县区水务局对大劲水库灌区和人和潭廖队灌区进行了加固改造，通过对大劲水库灌区的加固改造，灌区将改善灌溉面积14500 亩，新增灌溉面积 1150 亩。其中：受益水田面积为 7050 亩，受益旱地面积为 8600 亩。2016 年度测算期间，大劲水库灌区水田实际灌溉面积9755 亩，旱地实际灌区灌溉面积 2145 亩，总灌溉面积为 11900 亩。通过灌区改造，人和潭廖队灌区灌溉面积将达到 1200 亩。其中：受益水田面积为820 亩，受益旱地面积为 380 亩。2016 年度测算期间，人和潭廖队灌区水田实际灌溉面积为 890 亩，旱地实际灌溉面积为 195 亩，实际总灌溉面积为1085 亩。2016 年样点灌区基本信息见表 2.3-4。

表 2.3－4　　　　　　　　　　2016 年样点灌区基本信息

区县	灌区名称	灌区地点	灌区类型	灌溉性质	有效灌溉面积 /亩	实际灌溉面积 /亩
梅州市 梅县区	大劲水库灌区	南口镇侨乡村	中型	水田	7050	9755
				旱地	8600	2145
	人和潭廖队灌区	丙村镇人和村	小型	水田	820	890
				旱地	380	195

　　注　本次测算两个灌区水田实际灌溉面积均大于有效灌溉面积,旱地实际灌溉面积远低于有效灌溉
面积原因为该地区属于水旱轮灌,本次测算偏重于水田。

2.3.2　样点灌区灌溉净用水量测算结果

　　本次对所选样点田块进行了详细的测算,水田田块观测晚稻(田块泡田—育秧—成苗—移植回青—分蘖前期—分蘖后期—拔节孕穗—抽穗开花—乳熟期—黄熟期—收割)生长周期的用水量。旱地观测有机菜心、白菜、花生和番薯(翻田—播种—发芽—小苗—成苗(移植)—栽培管理—收割)生长周期的用水量,测算工作现场见图 2.3－3 和图 2.3－4,根据《细则》得出样点灌区田块的净灌溉用水量。

　　1. 大劲水库灌区净灌溉用水量测算结果

　　大劲水库灌区晚稻净灌溉用水量的测算见表 2.3－5,测算结果按照式(2.2－1)~式(2.2－4)计算得出。大劲水库灌区 2016 年实际灌溉面积为 11900 亩,属于中型灌区,选择了上、下游两个灌片,两个灌片各选取 3 个水田田块和 2 个旱地田块,本次测算灌区净灌溉用水总量为 981.6 万 m^3。

　　2. 人和潭廖队灌区净灌溉用水量测算结果

　　人和潭廖队灌区净灌溉用水量的测算见表 2.3－6,测算结果按照式(2.2－1)~式(2.2－4)计算得出。灌区实际灌溉面积为 1080 亩,属于小型灌区,在灌区范围内选取 2 个水田田块和 3 个旱地田块,水田田块均种植水稻一年二熟,旱地田块种植了花生和番薯。作物净灌溉用水量为 53.6 万 m^3,灌区净灌溉总用水量为 53.6 万 m^3。

表 2.3－5　大劲水库灌区晚稻净灌溉用水总量分析结果

大劲水库灌区（中型、自流引水）	早稻										晚稻									
	上游灌片					下游灌片					上游灌片					下游灌片				
	水田1	水田2	水田3	旱地1	旱地2	水田4	水田5	水田6	旱地3	旱地4	水田1	水田2	水田3	旱地1	旱地2	水田4	水田5	水田6	旱地3	旱地4
观测期间种植作物	水稻	水稻	水稻	其他	番薯	水稻	水稻	水稻	其他	蔬菜	水稻	水稻	水稻	其他	番薯	水稻	水稻	水稻	其他	蔬菜
本次亩均净用水量/(m³/亩)	442.0	467.0	449.7	190.2	185.1	453.2	432.8	444.3	199.8	194.4	425.5	436.9	432.9	204.5	185.3	426.2	426.9	418.2	204.4	218.2
样点田块净灌水量/m³	972.3	747.2	764.5	228.2	277.6	906.4	952.1	888.5	219.8	388.7	936.0	699.0	735.9	245.4	278.0	852.3	939.2	836.4	224.8	436.3
样点灌溉面积/亩	2.2	1.6	1.7	1.2	1.5	2.0	2.2	2.0	1.1	2.0	2.2	1.6	1.7	1.2	1.5	2.0	2.2	2.0	1.1	2.0
灌区总面积/亩	8100.0			400.0		11900.0			350.0		7500.0			1000.0		2600.0			800.0	
灌区总面积/亩	11900.0										11900.0									
作物灌溉净用水量/万m³	513.2										468.4									
灌区净灌溉总用水量/万m³	981.6																			

表 2.3-6 人和潭廖队灌区净灌溉用水总量分析结果

人和潭廖队灌区（小型、电灌提水）	早 稻				晚 稻			
	水田 1	水田 2	旱地 1	旱地 2	水田 1	水田 2	旱地 1	旱地 2
观测期间种植作物	水稻	水稻	番薯	花生	水稻	水稻	番薯	花生
本次亩均净灌溉用水量/(m³/亩)	388.3	378.8	178.0	170.8	332.1	330.8	128.3	137.8
样点田块净灌水量/m³	466.0	454.6	71.2	85.4	398.5	397.0	51.3	68.9
样点灌溉面积/亩	1.2	1.2	0.4	0.5	1.2	1.2	0.4	0.5
灌区总面积/亩	550		530		450		630	
	1080				1080			
作物净灌溉用水量/万 m³	30.3				23.3			
灌区净灌溉总用水量/万 m³	53.6							

3. 测算现场例图

（1）水田田块净灌溉用水测算现场见图 2.3-3。

（a）农田水位监测仪器安装 （b）固定标志牌

图 2.3-3 水田田块测算现场

（2）旱地田块净灌溉用水测算现场见图 2.3-4。

2.3.3 样点灌区灌溉毛用水量

1. 大劲水库灌区

大劲水库灌区为明渠引流方式进行输水灌溉，本次测算采用明渠旋桨式流速仪进行渠道流速的测算，经对大劲灌区总干渠渠首渠道进行测试，渠道宽度为 2.3m，水深 0.8m，本次测算横断面选用 3 条侧线，侧线间距为 0.5m，测算以右岸为参照，第一个垂线测点离岸 0.7m，第三个垂线测

（a）土壤含水率采样　　　　　　（b）测量田块面积

（c）浇灌

图 2.3-4　旱地田块测算现场

点离岸 1.7m，每条侧线上测定 3 个测点，水深测点为水深 0.2 倍、0.6 倍和 0.8 倍即测点水深为 0.15m、0.5m 和 0.64m。单次测量时间为 120s，所选流速仪满足《灌溉渠道系统量水规范》（GB/T 21303—2017）、《细则》要求和大劲水库灌区总干渠渠首流量流速，流速仪特性参数见表 2.3-7，测算结果通过相应公式演算得到大劲灌区输水灌溉毛用水量，大劲水库灌区总干渠渠首流量检测结果见表 2.3-8，毛灌溉用水量分析见表 2.3-9。

表 2.3-7　测量大劲水库灌区总干渠渠首流量所选用流速仪特性参数

名称	厂家	型号	测速范围 /(m/s)	测量水深/m	测量水温/℃	含沙量 /(kg/m³)	累积频率偏差/%	系统误差/%
旋桨式流速仪	南水水务科技有限公司	1260B	0.06~8	0.1~30	0~40	≤30	±1.5	±0.5

表 2.3-8　　　　　　　　大劲水库灌区总干渠渠首流量

样点灌区	测量渠段	测量断面	渠底宽/m	渠面宽/m	水深/m	测量横断面（右）/m	测量纵断面/m	流速/(m/s)	平均流速/(m/s)	垂线间流量测量位置/m	分断面流量/(m³/s)	流量/(m³/s)
大劲水库灌区	总干渠渠首	0+50	2.3	2.3	0.8	0.7	0.15	0.57	0.574	（右岸）0~0.7	0.322	1.06
							0.5	0.611				
							0.65	0.542				
						1.2	0.15	0.619	0.611	0.7~1.2	0.244	
							0.5	0.643				
							0.65	0.571				
						1.7	0.15	0.563	0.561	1.2~1.7	0.224	
							0.5	0.589				
							0.65	0.531				
						—	—			1.7~2.3	0.269	

表 2.3-9　　　　　　　　大劲水库灌区毛灌溉用水量

样点灌区	实际灌溉面积/亩	流量/(m³/s)	毛灌溉用水量/万 m³
大劲水库灌区	11900	1.06	1922.8

2. 人和潭廖队灌区

人和潭廖队灌区为泵站提水型灌溉，泵站的提水量即为灌区的毛灌溉用水量，本次测算逐月记录泵站耗电量，通过测算后得到灌区的毛灌溉用水量，测算结果见表 2.3-10。

表 2.3-10　　　　　　　　人和潭廖队灌区毛灌溉用水量

样点灌区	实际灌溉面积/亩	泵功率/kW	泵流量/(m³/s)	耗电量/W	毛灌溉用水量/万 m³
人和潭廖队灌区	1085	30	0.135	56410	91.2

3. 现场测量

毛灌溉用水量测量现场见图 2.3-5。

2.3.4　样点灌区气象数据监测结果

1. 降雨量监测结果

大劲水库灌区气温和降雨量监测结果见表 2.3-11，人和潭廖队灌区气温和降雨量监测结果见表 2.3-12。梅县两宗灌区 2016 年 1—11 月降雨量变

（a）大劲水库东干渠流量测试　　　　　（b）侨乡村渠首流量复核测试

图 2.3-5　毛灌溉用水量测量现场

化趋势见图 2.3-6。

表 2.3-11　　　　　大劲水库灌区气温和降雨量监测结果

月　份	1	2	3	4	5	6	7	8	9	10	11
气温/℃	10	11	17	24	26	29	29	28	27	25	14
降雨量/mm	347.7	44.2	311.5	223.6	97.1	263.5	114.9	378.9	121.6	227.4	176.3

表 2.3-12　　　　　人和潭廖队灌区气温和降雨量监测结果

月　份	1	2	3	4	5	6	7	8	9	10	11
气温/℃	10	11	16	24	26	28	29	28	27	25	13
降雨量/mm	382.3	65.7	367.6	266.0	207.9	246.1	179.4	278.2	196.6	232.5	126.2

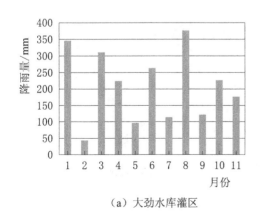 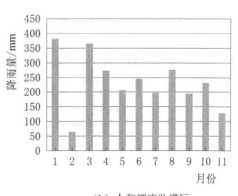

（a）大劲水库灌区　　　　　　　　　（b）人和潭廖队灌区

图 2.3-6　梅州两宗灌区 2016 年 1—11 月降雨量变化趋势图

2. 气象监测现场照片

梅州两宗灌区安装自动气象站见图 2.3 - 7。

（a）大劲水库灌区安装自动气象站脚架

（b）大劲水库灌区安装自动气象站支架

（c）大劲水库灌区气自动象站一

（d）安装人和潭廖队灌区自动气象站二

（e）调试人和潭廖队灌区自动气象站

（f）人和潭廖队灌区自动气象站

图 2.3 - 7 梅州两宗灌区安装自动气象站

2.3.5 样点灌区灌溉水有效利用系数测算结果

2016年样点灌区灌溉水有效利用系数测算结果见表2.3-13。

表2.3-13 2016年样点灌区灌溉水有效利用系数测算结果

样点灌区	有效灌溉面积/万亩	实际灌溉面积/万亩	水田灌溉面积/万亩	旱地灌溉面积/万亩	总净灌溉用水量/万 m³	毛灌溉用水量/万 m³	灌溉水有效利用系数
大劲水库灌区	1.565	1.19	0.9755	0.2145	981.6	1922.8	0.511
人和潭廖队灌区	0.12	0.1085	0.089	0.0195	53.6	91.2	0.588

2.4 典型渠段测量法测算结果与分析

2.4.1 渠系水利用系数测算

1. 测量段面

流溪河灌区测量渠道基本情况见表2.4-1,渠道断面测量见图2.4-1。

表2.4-1 流溪河灌区测量渠道基本情况

渠 道 名 称	级别	渠道现状	渠道长度/m	测量起点	测量终点	渠段长度/m
右总干渠	1	衬砌	29700	11+000	16+610	5610
左总干渠	1	衬砌	47000	9+080	14+110	5030
花东分干渠	3	衬砌	47000	3+150	6+250	3100
右分干渠	3	衬砌	3400	0+500	2+800	2300
右干渠5支渠	4	衬砌	3400	0+030	2+270	2240
右干渠6支渠	4	衬砌	4400	0+170	2+750	2580
右干渠7支渠	4	衬砌	6100	2+500	5+400	2900
右干渠8支渠	4	衬砌	6400	0+230	2+240	2100
左干渠5支渠	5	衬砌	3900	0+100	1+700	1600
左干渠8支渠	5	衬砌	3500	0+020	2+030	2100
左干渠11支渠	5	衬砌	2600	0+010	1+1500	1490
右干渠8支渠1斗渠	6	衬砌	1100	0+010	0+890	880
右干渠8支渠2斗渠	6	衬砌	1400	0+300	1+250	950
右干渠8支渠3斗渠	6	衬砌	1700	0+050	1+550	1500
左干渠5支渠1斗渠	4	衬砌	2700	0+040	2+600	2560
左干渠8支渠1斗渠	4	衬砌	4400	0+120	2+520	2400
左干渠11支渠1斗渠	4	衬砌	7200	0+200	2+660	2460

续表

渠 道 名 称	级别	渠道现状	渠道长度/m	测量起点	测量终点	渠段长度/m
右干渠 8 支渠 1 斗渠 1 农渠	5	衬砌	1800	0＋050	1＋800	1750
右干渠 8 支渠 2 斗渠 1 农渠	5	未衬砌	2700	0＋010	1＋820	1810
右干渠 8 支渠 2 斗渠 2 农渠	5	衬砌	1800	0＋020	1＋530	1510
左干渠 8 支渠 1 斗渠 1 农渠	6	衬砌	1400	0＋010	1＋1100	1090
左干渠 11 支渠 1 斗渠 1 农渠	6	衬砌	1300	0＋050	0＋900	850
左干渠 11 支渠 1 斗渠 2 农渠	6	未衬砌	1300	0＋010	0＋900	890

（a）右总干渠11＋000

（b）左总干渠9＋080

（c）花东分干渠3＋150

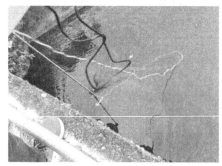

（d）右分干渠2＋800

（e）右干渠5支渠0＋030

（f）右干渠8支渠1斗渠0＋010

图 2.4－1 （一） 渠道断面测量照片

（g）右干渠6支渠0+170

（h）右干渠8支渠0+230

（i）右干渠7支渠2+500

（j）右干渠8支渠2斗1+250

（k）右干渠8支渠3斗1+550

（l）左干渠5支渠1+700

图 2.4-1（二）　渠道断面测量照片

（m）左干渠8支渠0+230

（n）左干渠11支渠0+010

（o）左干渠11支渠1斗渠2农渠0+900

（p）左干渠11支渠渠首入口

（q）左干渠11支渠1斗渠1农渠0+900

（r）左干渠8支渠1斗渠1农渠

图 2.4-1（三）　渠道断面测量照片

2. 测量结果

根据所采集数据，用渠道水利用系数计算公式进行演算得到相应的渠道水利用系数，所采集得到的数据见表 2.4-2。

表 2.4－2 流溪河灌区典型渠道渠系水利用系数情况

灌区名称	渠道名称	渠段首端进入流量 Q/(m³/s)	渠段末端放出流量 Q/(m³/s)	渠段输水损失率 /%	渠道输水损失率 /%	输水修正系数 k_1	分水修正系数 k_2	位置修正系数 k_3	渠段输水系数	渠道长度 /m	渠道水利用系数		渠系水利用系数	
花都灌区	右总干渠	10.284	10.12	0.026	0.115	1.974	0.5	0.689	0.974	29700	0.885	0.885		0.538
	花东分干渠	2.681	2.644	0.014	0.165	1.986	0.5	0.566	0.986	47000	0.835	0.845		
	右分干渠	2.078	2.057	0.01	0.016	1.99	0.5	1.176	0.99	3400	0.984			
	右干渠5支渠	0.228	0.212	0.0714	0.118	1.929	0.5	1.118	0.929	3400	0.882			
	右干渠6支渠	0.902	0.822	0.088	0.158	1.912	0.5	1.045	0.912	4400	0.842	0.859	0.510	
	右干渠7支渠	1.232	1.141	0.074	0.148	1.926	0.5	0.975	0.926	6100	0.852			
	右干渠8支渠	0.343	0.326	0.05	0.136	1.95	0.5	0.828	0.95	6400	0.864			
	右干渠8支渠1斗渠	0.181	0.17	0.0586	0.1	1.941	0.5	1.093	0.941	2700	0.874			
	右干渠8支渠2斗渠	0.4372	0.4015	0.081	0.141	1.918	0.5	1.074	0.918	3500	0.859	0.870		
	右干渠8支渠3斗渠	0.025	0.0237	0.05	0.12	1.95	0.5	0.885	0.95	2600	0.88			
	右干渠8支渠1斗渠1农渠	0.128	0.121	0.055	0.077	1.945	0.5	1.3	0.945	1100	0.923			
	右干渠8支渠2斗渠1农渠	0.1308	0.118	0.062	0.096	1.938	0.5	1.179	0.938	1400	0.904	0.913		
	右干渠8支渠2斗渠2农渠	0.0359	0.0336	0.0654	0.0849	1.935	0.5	1.382	0.934	1700	0.915			
白云灌区	左总干渠	4.631	4.536	0.021	0.153	1.979	0.5	0.607	0.979	47000	0.847	0.847		0.553
	左干渠5支渠	0.326	0.294	0.075	0.148	1.905	0.5	1.156	0.905	3900	0.852			
	左干渠8支渠	0.604	0.55	0.09	0.162	1.91	0.5	1.045	0.91	4400	0.838	0.848		
	左干渠11支渠	0.787	0.742	0.057	0.149	1.943	0.5	0.842	0.934	7200	0.851			
	左干渠5支渠1斗渠	0.068	0.0624	0.082	0.129	1.918	0.5	1.148	0.918	2700	0.871			
	左干渠8支渠1斗渠	0.229	0.201	0.12	0.172	1.88	0.5	1.224	0.88	2500	0.828	0.853		
	左干渠11支渠1斗渠	0.314	0.29	0.107	0.14	1.893	0.5	1.3389	0.893	1800	0.86			
	左干渠8支渠1斗渠1农渠	0.105	0.0968	0.078	0.109	1.922	0.5	1.279	0.922	1400	0.891			
	左干渠11支渠1斗渠1农渠	0.0784	0.0715	0.055	0.088	1.945	0.5	1.154	0.945	1300	0.912	0.903		
	左干渠11支渠1斗渠2农渠	0.072	0.0676	0.061	0.094	1.939	0.5	1.185	0.939	1300	0.906			

2.4.2　田间水利用系数测算

2.4.2.1　灌区基本信息

至 2017 年，流溪河灌区被分为花都灌区和白云灌区，其中花都灌区有效灌溉面积为 3.5 万亩，白云灌区有效灌溉面积为 6.4 万亩。样点灌区基本信息见表 2.4-3。

表 2.4-3　　　　　　　　样点灌区基本信息

灌区位置	灌区名称	灌区起始点	灌区类型	灌溉性质	有效灌溉面积/万亩	实际灌溉面积/万亩
广州市	花都灌区	从化区	中型	农田灌溉	3.5	3.5
	白云灌区	从化区	中型	农田灌溉	6.4	6.4

2.4.2.2　测算结果

本次对所选样点田块进行了详细的测算，水田田块观测晚稻（田块泡田—育秧—成苗—移植回青—分蘖前期—分蘖后期—拔节孕穗—抽穗开花—乳熟期—黄熟期—收割）生长周期的用水量。旱地观测菜心、白菜、花生和番薯〔翻田—播种—发芽—小苗—成苗（移植）—栽培管理—收割〕生长周期的用水量，测算结果见表 2.4-4，根据《细则》得出样点灌区田块的净灌溉用水量具体如下。

表 2.4-4　　　流溪河灌区 2017 年净灌溉用水总量分析结果

项目	早　稻						晚　稻					
流溪河灌区（中型、自流引水试验田）	水田1	水田2	水田3	旱地1	旱地2	旱地3	水田1	水田2	水田3	旱地1	旱地2	旱地3
观测期间种植作物	水稻	水稻	水稻	其他	番薯	花生	水稻	水稻	水稻	其他	番薯	花生
本次亩均净用水量/m³	476.7	469.1	467.96	188.17	170.8	190.38	428.56	421.92	411.27	197.29	176.2	185.77
样点田块净灌水量/(m³/亩)	476.7	469.1	233.98	244.64	256.2	247.5	428.56	421.92	205.635	236.75	264.3	241.5
样点灌溉面积/亩	1	1	0.5	1.3	1.5	1.3	1	1	0.5	1.2	1.5	1.3

续表

项目	早　稻		晚　稻	
灌区总面积/亩	15000	84000	15000	84000
	99000		99000	
作物灌溉净用水量/万 m³	2735.84		2660.27	
灌区净灌溉总用水量/万 m³	5396.11			

1. 流溪河灌区净灌溉用水量测算结果

由表 2.4－4 所示，本次对流溪河灌区净灌溉用水量的测算，测算结果按照式（2.1）～式（2.4）计算得出，流溪河灌区 2017 年实际灌溉面积为 9.9 亩，属于中型灌区，选择了该灌区流域内的试验田，各选取 3 个水田田块和 3 个旱地田块。灌区净灌溉用水总量为 5396.11 万 m³。

2. 毛渠水量测算

农渠、毛渠为灌区末级渠道，本次测算以农渠尾水出水口水量记做毛渠水量。由表 2.4－5 可以看出，早稻（其他）播种—成熟时间为 2017 年 3—6 月，观测期间实际灌水时间为 49 天，晚稻（其他）2017 年 6—9 月，观测期间实际灌水时间为 40 天，2017 年度在流溪河灌区全年观测期间共计灌水 89 天。计算灌区进入毛渠水量为 5959.7 万 m³。

表 2.4－5　　　　　　流溪河灌区进入毛渠水量

灌区位置	灌区名称	灌区起始点	灌区类型	灌溉性质	有效灌溉面积/万亩	实际灌溉面积/万亩	末级渠道流量/(m³/s)	灌溉天数/天	末级渠道数量/条	分灌区毛用水量/万 m³	灌区总用水量/万 m³
广州市	花都灌区	从化区	中型	农田灌溉	3.5	3.5	0.0924	89	32	22273.7	5959.7
	白云灌区	从化区	中型	农田灌溉	6.4	6.4	0.0856	89	56	3686.1	

3. 田间水利用系数计算

$$\eta_{田间}=W_{净灌溉}/W_{末级流入}=5396.11 \text{万 m}^3/5959.7 \text{万 m}^3=0.905$$

2.4.3　灌溉水有效利用系数计算及合理性分析

灌溉水有效利用系数应等于渠系利用系数与田间水利用系数的乘积，即

$$\eta = \eta_{渠系} \times \eta_{田} = 0.538 \times 0.905 = 0.487$$

2.5　测算结果合理性分析

2.5.1　资料、技术规范与标准使用合理性分析

本次测算所使用的资料、技术规范和标准均符合中华人民共和国法律法规，资料收集齐全，使用的技术规范和标准为最新有效。因此，在编制本报告中使用的资料、技术规范与标准是合理的。

2.5.2　样点灌区测算测试方法的合理性、可靠性分析

本次对大劲水库灌区和人和潭廖队灌区采用首尾分析法，对流溪河灌区渠系水利用系数用典型渠段测量法，净灌溉用水量采用首尾分析法，测算过程依照《灌溉渠道系统量水规范》（GB/T 21303—2017）、《指南》和《细则》所指定的技术与方法规范进行测算。研究开展前，先组织相关技术骨干对测试人员进行了技术培训，掌握了基本的测试方法，编制实施方案和工作大纲，经专家审查后组织实施，测试过程中，梅州区水务局专家对测试的梅州灌区进行了巡查和技术指导，确保各测试点严格按照测试规程进行测试，在测试过程中所使用的仪器均通过广东省计量研究院检定校准，且在有效期内。因此，样点灌区测算方法是合理、可靠的。

2.5.3　误差来源分析

大劲水库灌区（中型灌区）、人和潭廖队灌区（小型灌区）、流溪河灌区在测算过程中需要调查、观测、统计和收集的基础资料，对样点灌溉水有效利用系数的测算是一项量大面广、任务繁重的工作。在众多技术人员、管理人员甚至包括农户的共同努力、积极配合下才能完成。本次的测算误差分为客观原因和主观原因造成的误差两种类型。

1. 客观原因造成的误差

客观原因造成的误差主要产生于统计和测算仪器误差。在对样点灌区毛灌溉用水总量、样点灌区年度实灌面积、灌区作物种类及各种作物播种面积、仪器测算过程中自身的误差等。在本次测算中，避免方法是对毛灌溉用水量通过资料和实测相结合，再三实测复核来检验、论证。

2. 主观原因造成的误差

主观原因也即是人为测算操作误差。主要是净灌溉定额这一项要靠样点灌区人员测算。本次测算中避免方法是，通过再三对样点灌区测算人员进行理论知识的培训、现场操作培训，在选择田块、渠道时候选择易操作、方正地点，并在测算中至少读数三次。

综上所述，本次测算结果误差是合理的。

2.5.4 灌溉水有效利用系数测算结果的合理性及可靠性分析

本次测算根据《细则》及相关文件要求，选择了广东省中部中型灌区之一的流溪河灌区，梅州市梅县区不同地理位置的、不同灌溉方式、不同灌区类型的两个灌区进行测算，两个灌区从区域、种植结构等均符合《细则》要求，测算方法符合相应标准规范，结果测算和演算公式按照《灌溉渠道系统量水规范》（GB/T 21303—2017）和《细则》要求。《2015 年广东省灌溉水有效利用系数测算报告》显示 2015 年度全省灌溉水有效利用系数为 0.481，比 2014 年增长 1.89%，5 万～30 万亩中型灌区灌溉水有效利用系数平均为 0.461，本次所测算流溪河灌区灌溉水有效利用系数为 0.487，同比 2015 年广东省 5 万～30 万亩中型灌区灌溉水有效利用系数平均值偏高 5.6%，灌区增幅与灌区实际情况相吻合。1 万～5 万亩中型灌区为 0.456，小型灌区为 0.495，其中大劲水库灌区为 0.461，人和潭廖队灌区为 0.541；本次所测算大劲水库灌区和人和潭廖队灌区灌溉水有效利用系数分别为 0.511 和 0.588，同比 2015 年大劲水库灌区增长 10.8%，人和潭廖队灌区增长 8.7%，本次所测算的两宗灌区增幅明显，原因为两宗灌区均在 2015 年进行了加固改造，改造完工率为 80%，渠系输水利用系数增加，使灌区灌溉水有效利用系数增加。人和潭廖队灌区加固修缮了电灌站，泵房和电灌泵等，新增进水池。上三级渠道进行了防渗加固，至 2015 年改造完工率为 83%，电灌泵效率较高，渠道输水系数增加，使灌区灌溉水有效利用系数增加明显，两宗灌区增幅与灌区实际情况相吻合，体现了灌区加固改造的重要意义。综上，本次对梅州市梅县区两宗灌区灌溉用水有效利用系数测算结果是合理可信的。

第 3 章

基于遥感蒸散发模型的灌溉水有效利用系数测算

灌溉水有效利用系数作为农业用水效率红线的主要指标，是最严格水资源管理考核的重要指标之一，也是落实最严格水资源管理效果的体现，对构建节水型社会具有重要意义。然而，目前全国农业用水的计量率总体不足，直接量测法和观测分析法对于灌区用水计量率的依赖较大，在考核期内较难对灌溉水有效利用系数进行确定，导致考核缺乏行之有效的抓手。因此，探索新的技术手段，研究快速、准确的灌溉水利用系数测算方法，为更好地执行最严格水资源管理制度，强化水资源的合理、高效分配提供技术支撑。

随着遥感技术的不断发展，为农业水资源的精准分配和调控提供了新的技术手段，发挥着越来越重要的作用。本研究尝试利用遥感蒸散发技术，构建基于遥感蒸散发模型的灌溉水有效利用系数测算方法体系。

3.1 数据源

在本研究中主要使用的资料包括遥感卫星影像数据，自动气象站采集的降水量、温度、风速等气象数据资料，以及野外蒸散发监测数据、数字高程、行政区划矢量边界数据等，详细介绍如下。

3.1.1 遥感数据

1. Landsat 8 数据

Landsat 8 卫星是 Landsat 系列卫星的延续，其长达 40 年的全球监测数据在全球的环境变化监测中发挥了重要的作用，也是全球使用最广泛的卫星之一。Landsat 8 卫星于 2013 年 2 月 11 日在美国成功发射，Landsat 8 卫星包含 OLI 陆地成像仪和 TIRS 热红外成像仪，一共 11 个波段。其中 OLI 陆地成像仪包含 8 个多光谱波段和 1 个全色波段，多光谱波段的空间分辨率是 30m，全色波段的空间分辨率为 15m；TIRS 热红外成像仪包含 2 个热红外波段。

Landsat 系列卫星目前仍然是全球广泛使用的资源卫星之一。自从 Landsat MSS1972 年发射成功以来，大约每两年发射一颗卫星。2013 年 2 月 11 号，NASA 成功发射了 Landsat 8 卫星，使得 Landsat 系列卫星得到了进一步壮大和完善。Landsat 8 卫星携带有两个主要载荷：OLI 和 TIRS，设计使用寿命为至少 5 年。其中 OLI 陆地成像仪包含 8 个多光谱波段和 1 个全色波段，多光谱波段的空间分辨率是 30m，全色波段的空间分辨率为 15m；TIRS 热红外成像仪包含 2 个热红外波段。OLI 包括了 ETM＋传感器所有的波段，为了避免大气吸收特征，OLI 对波段进行了重新调整，比较大的调整是 OLI Band5（0.845～0.885μm），排除了 0.825μm 处水汽吸收特征；OLI 全色波段 Band8 波段范围较窄，可以在全色图像上更好区分植被和无植被特征。Landsat 8 影像主要参数见表 3.1－1（徐涵秋和唐菲，2013）。

2. 高分一号数据

高分一号卫星于 2013 年 4 月 26 日成功发射，卫星搭载高分辨率（PMS）和中分辨率（WFV）两型光学观测相机，其中高分辨率相机的多光谱波段（红、绿、蓝和近红外 4 个波段）空间分辨率为 8m，全色波段空间分辨率为 2m，成像幅宽 60km；中分辨率相机的空间分辨率为 16m，含有红、绿、蓝和近红外 4 个波段，成像幅宽 800km（白照广，2013），主要参数见表 3.1－2。

表 3.1－1　　　　　　　　　　Landsat 8 影像主要参数

传感器	波　段	波长/μm	空间分辨率/m	辐射分辨率/bit
OLI	深蓝	0.43～0.45	30	12
	蓝	0.45～0.51	30	12
	绿	0.53～0.59	30	12
	红	0.64～0.67	30	12
	近红外	0.85～0.88	30	12
	短波红外	1.57～1.65	30	12
	短波红外	2.11～2.29	30	12
	全色	0.50～0.68	15	12
	卷云	1.36～1.38	30	12
TIRS	热红外	10.60～11.19	100	12
	热红外	11.50～12.51	100	12

表 3.1 - 2   高分一号影像主要参数

影像类型	波谱范围/μm	波段名称	空间分辨率/m
GF - 1 (PMS)	0.45～0.52	蓝	8
	0.52～0.59	近红外	8
	0.63～0.69	红	8
	0.77～0.89	绿	8
	0.45～0.90	全色	2
GF - 1 (WFV)	0.45～0.52	蓝	16
	0.52～0.59	绿	16
	0.63～0.69	红	16
	0.77～0.89	近红外	16

3.1.2 气象数据

为更加精确地开展本研究，获得农田小气候的监测数据。在本文的研究过程中，未选择使用大范围的区域尺度的气象监测数据，而是在研究区内安装了可远程传输的小型气象监测站（图 3.1 - 1），使得监测的数据更加具有局部区域代表性，其主要监测的参数包括降水（mm）、大气气温（℃）、风速（m/s）和大气湿度（%）等，监测的时间跨度为 2016 年 8 月 11 日至 2017 年 12 月 31 日，记录频率为分钟。

（a）安装调试   （b）安装完成

图 3.1-1（一） 监测站安装及监测参数示意图

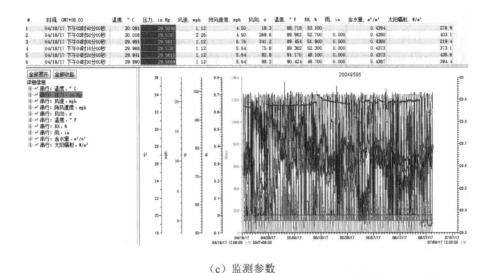

（c）监测参数

图 3.1-1（二）　监测站安装及监测参数示意图

3.1.3　蒸散发数据

利用遥感技术反演地表蒸散的精度受到多方面因素的制约，例如获取遥感数据的质量、遥感反演的算法自身的局限性、地表覆盖类型的多样性和复杂性等都是重要的影响因素。因此，有必要通过结合地表测量方法对遥感反演结果进行检验和修正。全世界常用的测量仪器主要有蒸发皿、蒸渗仪、涡度相关系统和波文比仪等。其中，蒸发皿主要用于测量小尺度的水面蒸发（Roderick 和 Farquhar，2002）；蒸渗仪主要通过推算土柱的重量变化来间接获得蒸散量，它的测量结果中包含了温度、风速、湿度、太阳辐射以及土壤水分对蒸散的综合影响，被认为是实际蒸散测量最准确方法之一（Howell 等，1995）适合于田间测量；涡度相关系统主要通过测量空气湍流的脉动变化监测蒸散量（Baldocchi 等，2001），要求测量区域具有足够大的平坦表面且下垫面均一（李思恩等，2008）；波文比仪主要通过测量空气温度和湿度的梯度变化获得蒸散量（Nie 等，1992；Todd 等，2000），研究表明其适合于下垫面均一的区域（Cellier 和 Brunet，1992；张和喜等，2006）。在综合考虑了精度、成本、下垫面非均一等因素后，确定本研究中采用称重式蒸渗仪。采用直径为 60cm 高为 100cm 的圆柱形作为填土容器，将容器埋于地下，并在容器内种植于研究区内相同的植物，这里主要是种植的水稻，尽量保持容器内土壤的特性与水热条件与周边区域相同，并在圆柱形容器的底部安装了压力传感器及数据传输系统。如图 3.1-2、图 3.1-3 所示，可利用称重式蒸渗仪对水稻的全生长过程进行了监测，并通过自主开发的 App 实时传输系统将监测数据实时传输至云存储空间。

（a）称重式蒸渗仪　　　　（b）App实时传输系统

图 3.1-2　田间监测及传输系统

（a）2017年8月8日　　　（b）2017年8月21日　　　（c）2017年9月3日

图 3.1-3（一）　水稻全生长周期中的蒸散量监测示意图

（d）2017年9月17日　　　（e）2017年9月26日　　　（f）2017年10月26日

图 3.1 - 3（二）　水稻全生长周期中的蒸散量监测示意图

3.2　遥感蒸散发模型的建立及参数反演

3.2.1　改进的 SEBAL 模型

中国南方地区地形复杂、农业用地图斑破碎，目前尚缺乏适合于该区域的蒸散发模型，因此提出适宜于区域的模型至关重要。SEBAL 蒸散发模型目前是全球使用的最为广泛的蒸散发模型之一，在全球 20 多个国家得到了应用，其月尺度以及更高的时间尺度上精度达到了 90% 以上，所以深受各国研究者青睐。

基于此，在本研究中，以 SEBAL 模型为基础，根据中国南方湿润半湿润地区的特点，提出了采用多项式函数的方式拟合干湿边方程（王行汉等，2017），对 SEBAL 蒸散发模型进行了优化和改进，本研究中计算蒸散发量选择采用改进后的 SEBAL 模型，通过估算净辐射、显热通量和土壤热通量计算潜热通量，进而求得蒸散发量，即

$$\lambda ET = R_h - G - H \tag{3.2-1}$$

式中　　λ——蒸发潜热，J/m^3；

ET——蒸散发量，m/s；

R_n——净辐射量，W/m^2；

G——土壤热通量，W/m^2；

H——显热通量，W/m^2。

1. 净辐射量

R_n 是地表接收到的净短波辐射与长波辐射能量之和（方向向下），是地

表—大气之间能量、动量、水分输送与转换过程中所需能量的主要来源，计算公式为

$$R_n = (R_{S\downarrow} - R_{S\uparrow}) + (R_{L\downarrow} - R_{L\uparrow}) \tag{3.2-2}$$

式中 $R_{S\uparrow}$、$R_{S\downarrow}$——地面向上和向下的短波辐射项，W/m^2；

$R_{L\uparrow}$、$R_{L\downarrow}$——地面向上和向下的长波辐射项，W/m^2。

净短波辐射（R_{Sn}）为

$$R_{Sn} = R_{S\downarrow} - R_{S\uparrow} \tag{3.2-3}$$

净长波辐射（R_{Ln}）为

$$R_{Ln} = R_{L\downarrow} - R_{L\uparrow} \tag{3.2-4}$$

$R_{S\downarrow}$ 的计算公式为

$$R_{S\downarrow} = \frac{G_{SC}\tau_{SW}}{\sin\theta d_{e\text{-}s}^2} \tag{3.2-5}$$

$$\tau_{SW} = 0.75 + 0.0002z \tag{3.2-6}$$

式中 G_{SC}——太阳常数，为 $1367W/m^2$；

$d_{e\text{-}s}$——日地相对距离，为天文单位；

θ——太阳倾斜角，用弧度表示；

τ_{SW}——单向大气传输，采用高程函数进行计算（Allen 等，1998），其公式见式（3.2-6）；

z——海拔高度，m，可以通过 DEM 获取。

对于给定的比照率（albedo，α）$R_{S\uparrow}$ 可以表述为

$$R_{S\uparrow} = \alpha R_{S\downarrow} \tag{3.2-7}$$

$$\alpha = \frac{\alpha_{toa} - \alpha_p}{\tau_{SW}^2} \tag{3.2-8}$$

综合式（3.2-3）～式（3.2-7），短波净辐射可以表示为

$$R_{Sn} = (1-\alpha)R_{S\downarrow} = (1-\alpha)\frac{G_{SC}\tau_{SW}}{\sin\theta d_{e\text{-}s}^2} \tag{3.2-9}$$

向下长波辐射 $R_{L\downarrow}$ 计算公式为

$$R_{L\downarrow} = \sigma\varepsilon_\alpha T_\alpha^4 \tag{3.2-10}$$

$$\varepsilon_\alpha = -0.85(\ln\tau_{SW})^{0.09} \tag{3.2-11}$$

式中 σ——斯蒂芬玻尔兹曼常数，为 $5.67\times10^{-8}W/(m^2\cdot K^4)$；

T_α——大气温度，K；

ε_α——大气比辐射率（无量纲），计算公式见式（3.2-11）（Bastiaanssen 等，1998）。

向上长波辐射 $R_{L\uparrow}$ 计算公式为

$$R_{L\uparrow} = \sigma \varepsilon_S T_S^4 \qquad (3.2-12)$$

式中　σ——斯蒂芬玻尔兹曼常数，即 5.67×10^{-8} W/(m²·K⁴)；

T_S——地表温度，K；

ε_S——地表比辐射率（无量纲），计算公式为

$$\varepsilon_S = 1.009 + 0.047 \ln \text{NDVI} \qquad (3.2-13)$$

在式（3.2-13）中 NDVI 取值大于 0，当 NDVI 小于 0 时，取值为 1。

本研究中地表温度 T_S 的计算方法为（Markham 和 Barker，1987）

$$T_S = \frac{K_2}{\ln\left(\dfrac{\varepsilon_S K_1}{R} + 1\right)} \qquad (3.2-14)$$

式中　R——热红外波段数据。

在本文中对于净辐射通量的计算主要采用 Landsat 8 遥感卫星影像数据，其具有 2 个热红外波段，分别是 band10（10.6~11.2μm）和 band11（11.5~12.5μm）。研究表明 Landsat 8 遥感卫星的热红外数据的 2 个波段中，band10 波段计算结果更加稳定且误差相对较小，但 band11 在高裸露土地的区域精确明显高于 band10 的反演结果，本文中采用双波段计算结果取平均值来缩小单波段反演的误差（徐涵秋和黄绍霖，2016）。K_1 和 K_2 为定标常量，对于 band10，K_1 和 K_2 分别为 774.8853W/(m²·sr·μm) 和 1321.0789W/(m²·sr·μm)；对于 band11，K_1 和 K_2 分别为 480.8883W/(m²·sr·μm) 和 1201.1442W/(m²·sr·μm)。

2. 土壤热通量

土壤热通量（G）是指土壤内热交换的能量，遥感估算 G，通常是假定 G 为 R_n 的固定比例，该比例系数由下垫面的特征参数决定。在 SEBAL 模型中，G 的计算公式如下（Bastiaanssen，2000）：

$$\frac{G}{R_n} = 0.2 \times (1 - 0.98 \times \text{NDVI}^4) \qquad (3.2-15)$$

3. 显热通量

改进的 SEBAL 模型的核心在于显热通量 H 的参数化求解，本研究中采用了基于多项式的干湿边的改进方法，提升了模型计算的精度，具体的改进方法见王行汉等（2017）的研究文献，此处不再赘述。

依次计算出净辐射通量、土壤热通量和显热通量之后，依据能量平衡公式，见式（3.2-1），潜热通量可计算得出，并采用时间尺度拓展方法，进行日时间的尺度拓展得到累积蒸散发量结合区间降水量和野外观测的毛灌溉水量计算得到研究区内的灌溉水有效利用系数。

3.2.2　改进的 SEBAL 模型主要参数反演结果分析

改进的 SEBAL 模型中主要涉及的参数包括了大气比辐射率、地表比辐射率、比照率、归一化植被指数、地表温度、空气温度、风速、湿度等。针对上述涉及的参数，在本研究中使用 Landsat 8 卫星遥感影像，其中包含了可见光、近红外和热红外数据，通过反演可以得到大气比辐射率、地表比辐射率、比照率、归一化植被指数、地表温度，对于空气温度、风速、湿度等参数通过自动气象站监测获得。本小节对其中主要的遥感反演结果进行了分析。

计算得到研究区内的归一化植被指数（NDVI）和地表温度，结果如图 3.2-1 和图 3.2-2 所示。

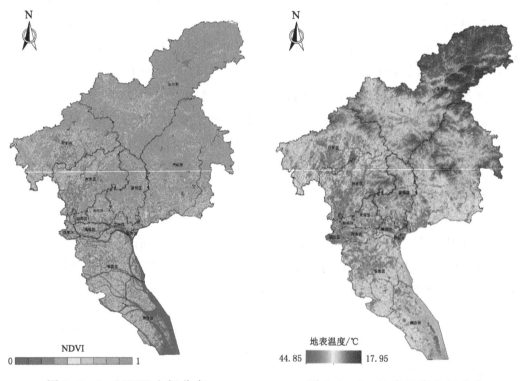

图 3.2-1　NDVI 空间分布　　　图 3.2-2　地表温度空间分布

由图 3.2-1 和图 3.2-2 可知，研究区内植被指数较高的区域主要集中在从化、增城、花都北部、萝岗以及白云东部等地，NDVI 值基本处于 0.7

以上；而在研究区内的南部，主要涉及了天河、越秀、海珠、荔湾、黄埔等地植被指数相对较低，NDVI 值基本处于 0.3 以下，上述空间分布规律与研究区内城市的发展水平也是相吻合的。研究区内的地表温度的空间分布和植被指数的空间分布具有一定的一致性，从化、增城、花都北部、萝岗以及白云东部等地受高植被覆盖的影响地表温度相对较低，基本介于 17.95～20℃之间，而在中心城区地表温度相对较高，基本处于 30℃以上。

根据式（3.2-2）～式（3.2-14）可以计算出研究区域的净辐射通量，如图 3.2-3 所示；土壤热通量由式（3.2-15）计算得出，如图 3.2-4 所示。

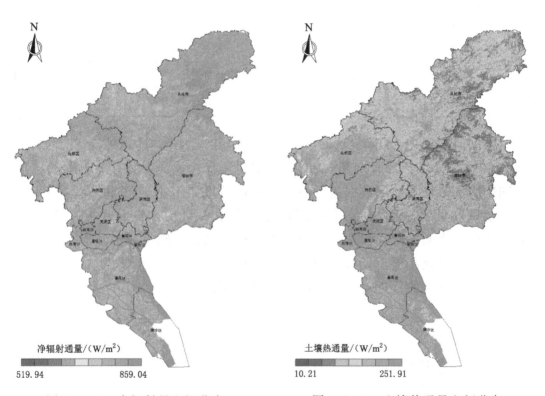

图 3.2-3 净辐射量空间分布   图 3.2-4 土壤热通量空间分布

由图 3.2-3 和图 3.2-4 可知，研究区域净辐射通量介于 519.94W/m² 和 859.04W/m² 之间；在空间分布上，城区内建筑用地相对比较集中，植被覆盖较少，净辐射量较小，而研究区内从化区东北部地区植被覆盖相对较高，净辐射量较高。土壤热通量介于 10.21W/m² 和 251.91W/m² 之间；在空间分布上，东北部区域的值明显低于西南部，这种空间分布规律与研究区内植被覆盖度的空间分布存在很强的相关性。

3.3　基于改进 SEBAL 模型的蒸散发量计算结果分析

根据改进的 SEBAL 模型和时间尺度拓展方法，可得到研究区内的日蒸散发量，见表 3.3-1。基于 ArcGIS 软件平台，采用空间点位的数据提取方法，获得与研究区内蒸渗仪空间点位一致的多期遥感反演的日蒸散发量值，然后结合称重式蒸渗仪的监测数据，对比分析遥感反演蒸散发的精度。

表 3.3-1　　　　　　　　遥感反演与蒸渗仪监测日蒸散发量

日　　期	空　间　坐　标	遥感反演/mm	蒸渗仪监测/mm
2017-8-20	(113.55°E，23.63°N)	7.64	6.86
2017-9-21	(113.55°E，23.63°N)	12.13	10.83
2017-10-7	(113.55°E，23.63°N)	4.41	3.79
2017-10-23	(113.55°E，23.63°N)	6.56	4.67

根据研究区内 2017 年 8 月 20 日、2017 年 9 月 21 日、2017 年 10 月 7 日和 2017 年 10 月 23 日四期 Landsat 8 卫星影像，反演得到日蒸散发量，并与同期的蒸渗仪的监测数据进行对比分析，结果如图 3.3-1 和图 3.3-2 所示。结果表明：遥感反演与蒸渗仪监测日蒸散发量均方根误差为 1.25，误差值较小，表明遥感反演蒸散发的结果精度较高；遥感反演与蒸渗仪监测日蒸散发量在变化趋势上具有一致性，且呈现线性相关性，R^2 为 0.97，相关性较高，并基于此数据对遥感反演结果进行了校正。

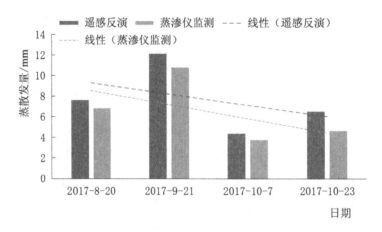

图 3.3-1　遥感反演与蒸渗仪监测日蒸散发量对比

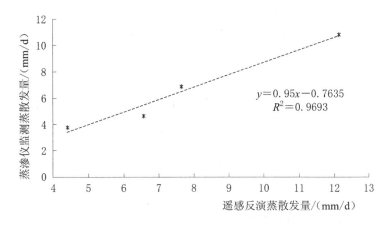

图 3.3 - 2　遥感反演与蒸渗仪监测日蒸散发量相关性

3.4　灌溉水有效利用系数测算

　　对于一个灌溉系统的灌溉效率，通常采用渠系水利用系数（输水效率）、田间水利用系数（田间水利用效率）、灌溉水利用系数（灌区灌溉效率）来进行评价。其中，渠系水利用系数表示输水过程中的水分利用效率，采用进入田间的净水量与自水源引水量的比值；田间水利用系数表示农田灌溉水过程中水分利用效率，采用贮存在作物根系层的灌溉水量与进入田间净水量的比值；灌溉水利用系数表示输水、灌水两个过程的综合水分利用效率，采用贮存在作物根系层的灌溉水量与自水源引水量的比值。然而，一般只有自灌溉水源的引水量以及主要渠道的水分量是有监测数据的，而进入田间的净水量与贮存在作物根系层的灌溉水量在一般情况下难以准确的监测，为上述 3 个系数进行准确的定量估算带来了困难。

　　利用灌溉水利用系数进行效率评价，隐含着"贮存在作物根系层的灌溉水量会全部被作物吸收利用"的假设。然而事实上，贮存在作物根系层的灌溉水量不一定能全部被作物吸收利用，一部分灌溉水量会以深层渗透的形式补给地下水，同时渠系渗漏水量与田间深层渗漏水量在一定条件下也可能补给作物根系层，被作物吸收利用。因此，传统的灌溉水利用系数在区域的水资源管理中会出现一定的问题。

　　为解决这一问题，在灌溉效率评价中一个更为合理的评价指标是以灌溉农田消耗的灌溉水量（灌溉农田蒸散发量与有效降水量之差）来表示灌溉水的有效利用量。其中，关键是对灌溉农田蒸散发量的计算。具体过程如下。

1. 统计观测灌区日实际蒸散发量

根据蒸渗仪的监测数据可统计出观测灌区在影像日期的日蒸散发量为 4.67mm。

2. 计算日参考蒸散发量和累积参考蒸散发量

利用美国工程师协会-环境与水资源机构（ASCE-EWRI，2005）推荐的参考蒸散发估算方法，可计算出影像日期的日参考蒸散发量，计算公式为

$$ET_r = \frac{0.408\Delta(R_n - G) + \gamma \dfrac{C_n}{T_a + 273} u_2 (e_s - e_a)}{\Delta + \gamma(1 + C_d u_2)} \tag{3.4-1}$$

式中　ET_r——参考作物蒸散量，mm/d；

R_n——辐射通量，MJ/(m·d)；在本文中采用估算值，R_n 的估算来源于 R_s 的估算，R_s 的计算见式（3.2-5）；

G——土壤热通量，MJ/(m·h)，通常假定与 R_n 存在固定的比率，但在日尺度上，几乎可以忽略；

T_a——日平均气温，℃；

u_2——2m 高度的日平均风速，m/s；

e_s——饱和水汽压，kPa；

e_a——实际水汽压，kPa，由饱和水汽压和相对湿度 U 计算得到；

$e_s - e_a$——饱和水汽压差，通常记做 VPD，kPa；

C_n、C_d——设定参数，见表 3.4-1。

表 3.4-1　　C_n 和 C_d 在 ASCE P-M 中取值以及 G 与 R_n 的比率（G/R_n）

时间尺度	矮型参考作物			高型参考作物		
	C_n	C_d	G/R_n	C_n	C_d	G/R_n
日	900	0.34	0.0	1600	0.38	0.0

ASCE-EWRI（2005）推荐的 ET_r 的计算可分为矮型参考作物和高型参考作物。其中，矮型参考作物以修剪冷型草为代表，高度为 0.12m；高型参考作物以完全覆盖的苜蓿为代表，高度为 0.5m。

利用站点观测的日平均气温、相对湿度、风速、气压、DEM、观测站点纬度等信息，结合式（3.4-1），可计算出影像日期观测灌区的日参考蒸散发量，然后通过累加可以计算出 2017 年 8 月至 10 月期间的累积参考蒸散发。

3. 计算月实际蒸散发量

依据参考比（实际蒸散发/参考蒸散发）固定不变的假设，结合 2017 年

8 月至 10 月期间的累积参考蒸散发量，可以计算出 2017 年 8 月至 10 月期间的实际蒸散发量，即观测灌区的实际蒸散发量为 462.71mm。

4. 计算灌溉水利用效率系数

在灌溉效率指标中，灌溉水有效利用系数表示输水、灌水过程中的综合水分利用效率，通常表示为渠系水利用系数与田间水利用系数的乘积，其定义与相互关系为

$$E_c = W_f/W_d$$
$$E_f = W_r/W_f \qquad\qquad (3.4-2)$$
$$E_i = E_c E_f = W_r/W_d$$

式中　E_c——渠系水利用系数；

E_f——田间水利用系数；

E_i——灌溉水利用系数；

W_d——渠首总引水量；

W_f——进入田间的净灌溉水量；

W_r——灌入作物根系层的水量。

灌入作物根系层的水量为月实际蒸散发量与降雨量之差，而渠首总引水量为观测灌区的毛灌溉引水量，依据式（3.4-2）可计算出观测灌区监测时间段内的灌溉水利用效率系数为 0.476。

第4章

基于计量经济学理论的灌溉用水效率测算

计量经济学模型用于农业生产的技术效率测算，已经有广泛的工作基础。本研究选取农业生产活动的投入指标和产出指标，构建基于计量经济学理论的农业生产随机前沿生产函数模型，计算农业生产技术效率，进而采用指数模型计算农业生产单一投入——灌溉用水的效率，与实际的灌溉水有效利用系数不是同一概念，可作为验证目前实测灌溉水利用系数变化趋势是否合理的依据。基于计量经济学模型测算灌溉用水效率的工作思路见图 4.0-1。

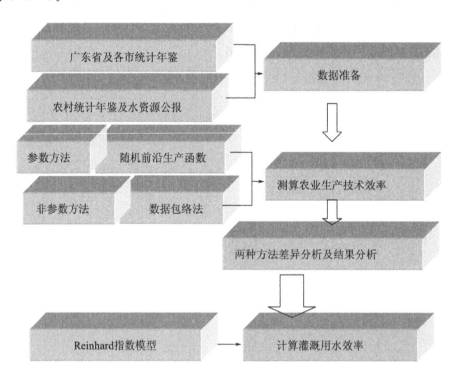

图 4.0-1　计量经济学模型测算灌溉用水效率工作思路

4.1 技术效率测定方法

前沿分析方法测定技术效率分为两大类：参数方法和非参数方法。其中，参数方法是一种计量经济学方法，又可详细分为确定性前沿分析方法和随机前沿分析方法。前者认为样本中所有个体的前沿面生产函数都是一致的，各生产单元的效率损失全部由技术非效率承担，方法的机理本身决定无法考虑随机影响因素对前沿面的影响。后者考虑了随机误差（气候、地理条件、政策特殊性等）对前沿面的影响，而不是一律将实际生产情况与前沿生产情况的差距归结为技术的非效率，因此在种植业、服务业、工业各领域得到广泛的应用。本次选择随机前沿生产函数对生产单元的粮食生产状况进行分析，测定出各生产单元（市）的生产技术效率。

非参数方法是一种数学规划的方法，建立相应的生产函数、成本函数的前沿模型，然后用数学规划方法求解模型，属于数学学科范畴。本次研究采用数据包络（DEA）法对生产单元的粮食生产状况进行分析，测定出各生产单元（市）的生产技术效率。

4.1.1 基于 SFAP 模型的粮食生产技术效率测定

4.1.1.1 随机性技术效率定义

技术效率的随机前沿模型最初由 Aigner 和 Meeusen 等首次独立提出。该模型既考虑了技术上的低效率因素，同时又考虑了随机因素产生的脉冲对前沿面的效应，后者是随机前沿生产模型的精髓。随机前沿模型按照研究内容的不同分为两类：随机前沿生产函数和随机前沿成本函数，对于技术效率的测定分别对应技术效率的两种定义方式：从产出角度的定义（勒宾森，Leibenstein）和从投入角度的定义（法瑞尔，Farrell），分别求出技术效率。

按照是否考虑随机误差的扰动对效率的影响，研究技术效率的参数模型可以分为确定性技术效率模型和随机性技术效率模型。在本文的研究中，采用随机性技术效率模型。

随机前沿生产函数的模型和生产技术效率的关系可以表述为

$$y_i = f(x_i;\beta) \cdot \exp(V_i) TE_i \qquad (4.1-1)$$

式中　$f(x_i;\beta)$——前沿生产函数，就是投入要素 x_i 不变的条件下，可能达到的最大产出，是一个边界的概念；

　　　$\exp(V_i)$——生产过程中的随机因素，因生产单元而异，反映了随机因素对生产前沿面的影响；

$f(x_i;\beta) \cdot \exp(V_i)$——随机前沿生产函数；

TE_i——技术效率。

因此技术效率的计算模型可以表述为

$$TE_i = \frac{y_i}{f(x_i;\beta) \cdot \exp(V_i)} \tag{4.1-2}$$

随机前沿成本函数的模型可以表述为

$$c_i = f(x_i) + v_i - u_i \tag{4.1-3}$$

式中　$f(x_i)$——前沿成本；

v_i——随机因素对前沿面的影响，称为随机误差；

u_i——技术非效率误差。

根据样本数据的类型，可以分为基于截面数据的随机前沿模型和基于面板数据的随机前沿模型。截面数据（cross-sectional data）是指样本序列为多个对象在同一期的观测数据，面板数据（panel data）是指样本序列为多个对象在两期甚至多期的观测数据。

具体的模型主要有 ALS 模型、CSS 模型、LS 模型、BC（1992）和 BC（1995）模型，在广东省灌溉水有效利用系数测算合理性评估中，主要采用了 BC（1995）模型。

BC（1995）模型最大的特点就是通过将技术非效率的分布均值假设为各种影响因素的函数，从而将各样本点的技术效率值和影响技术效率因素的系数在一个模型中同时估计出来，不需要分成两步进行。尽管 BC（1995）模型没有从根本上解决随机前沿模型的本质问题，即随机误差项与技术非效率的分离还是受到分布假设的影响，估计结果仍受到分布假设模型具体形式的制约，但其理论在实际研究运用中的可操作性还是非常强的。特别是 Coelli 写的前沿分析程序 Frontier，使得操作更加方便。

随机前沿生产函数的表达式可以写为

$$Y_{it} = X_{it}\beta + V_{it} - U_{it} \tag{4.1-4}$$

式中　U——技术效率损失的随机变量，假定其服从非负断尾正态分布，即 $U \sim N(m, \sigma_U^2)$；

其他变量和参数含义同前。

技术非效率 U 的计算公式为

$$U_{it} = Z_{it}\delta + W_{it} \tag{4.1-5}$$

其期望值计算公式为

$$m_{it} = Z_{it}\delta \tag{4.1-6}$$

式中　Z——影响生产技术效率的 p 种解释变量，为 $p \times 1$ 向量；

　　　δ——解释变量 Z 的系数，为 $1 \times p$ 向量，也是待估计的；

　　　W——服从断尾正态分布的随机变量，在 $-Z_{it}\delta$ 处截断，即 $W_{it} \geqslant -Z_{it}\delta$，且 $W \sim N(0, \sigma_U^2)$。

4.1.1.2　相关性分析

为了研究农业生产的技术效率和灌溉用水的技术效率，希望建立被解释变量和各种解释变量之间的回归方程。粮食产量作为被解释变量，其影响因素有很多，因此需要通过建立它们之间的相关系数矩阵来选择解释变量。

设两变量 X、Y 均为随机变量，对 (X, Y) 的一组观察值 (x_i, y_i)，$i = 1, 2, \cdots, n$，n 为样本序列的长度，可以求得相应的相关系数，表达式为

$$r_{xy} = \frac{\sum\limits_{i=1}^{n}(x_i - \overline{x})(y_i - \overline{y})}{\sqrt{\sum\limits_{i=1}^{n}(x_i - \overline{x})^2 \sum\limits_{i=1}^{n}(y_i - \overline{y})^2}} = \frac{l_{xy}}{\sqrt{l_{xy}l_{yy}}} \tag{4.1-7}$$

其中，r_{xy} 称为 X 与 Y 的相关系数。当 $|r_{xy}| = 1$ 时，X 的线性函数可以准确预测 Y；当 $|r_{xy}| = 0$ 时，X 的线性函数完全不能预测 Y 的变化，当然，X 与 Y 之间还可能存在非线性的关系；当 $0 < |r_{xy}| < 1$ 时，X 的线性函数一定程度上预测了 Y 的变化，但无法准确预测，Y 的变化还受到随机误差等的影响。

根据相关分析理论，当相关系数 $0.8 < r_{xy} < 1.0$ 时，统计上认为 X 与 Y 高度相关，可以建立 X 与 Y 的线性回归方程。

当 $r_{xy} < 0.8$ 时，为防止样本数量小、数据的特殊性等方面对结果造成的误差，相关系数的统计检验用双尾检验法验证结果的可靠性。显著性水平 α 一般选 0.05，自由度 $d_f = n - 1$，n 为样本序列的长度，$t = \dfrac{r_{xy}\sqrt{n-1}}{\sqrt{1 - r_{xy}^2}}$。若 $|t| \geqslant t_{(\alpha/2)}$，表明 X 与 Y 的相关关系是显著的，r_{xy} 可以作为度量 X 与 Y 之间存在相关关系的依据；若 $|t| \geqslant t_{(\alpha/2)}$，则表明 X 与 Y 之间的相关关系较弱，无法建立线性回归模型反映二者的相关关系，可能 X 与 Y 之间还存在其他统计关系，如因果关系等。

4.1.1.3　超越对数随机前沿生产模型（Trans-log-SFAP）

根据技术效率的两种定义可知，随机前沿方法包括随机前沿生产函数

（Stochastic Frontier Analysis based on Production）和随机前沿成本函数（Stochastic Frontier Analysis based on Cost）。前者是用来描述在生产投入不变的条件下实际产量与前沿面产量之间差距的模型，后者是描述在市场价格和技术水平不变的条件下，达到相同的产出的最小成本和实际成本差距的模型。而技术非效率就表示实际生产活动和前沿面生产活动的差距，即生产活动的最大潜力。本文采用随机前沿生产函数描述粮食生产的技术非效率情况，对 1992—2013 年广东省粮食生产情况分析。

随机前沿生产函数的表达式可以写为

$$Y_{it} = X_{it}\beta + V_{it} - U_{it} \qquad (4.1-8)$$

式中　Y——被解释变量，也就是因变量，在关于农业生产技术效率的研究中，被解释变量选取粮食产量；

i——不同的生产单元或经济单位，取自然数；

t——不同的生产时段，可取年，月，季度；

X——模型的解释变量，也就是自变量，表示生产过程中的 k 种投入的数量，或其对数值，为 $k \times 1$ 向量；

β——解释变量 X 的系数，为 $1 \times k$ 向量，是待估计的；

V——随机误差的变量，是生产过程中天气因素、病虫害等不可控的随机因素对产量的影响和测量误差的表示，V 是独立同分布的白噪声（均值为 0，方差为常数），假定其服从标准正态分布，即 $V \sim N(0, \sigma_V^2)$，并独立于 U；

U——技术效率损失的随机变量，假定其服从非负断尾正态分布，即 $U \sim N(m, \sigma_U^2)$。

技术非效率 U 的计算公式为

$$U_{it} = Z_{it}\delta + W_{it} \qquad (4.1-9)$$

式中　Z——影响生产技术效率的 p 种解释变量，为 $p \times 1$ 向量；

δ——解释变量 Z 的系数，为 $1 \times p$ 向量，也是待估计的；

W——服从断尾正态分布的随机变量，在 $-Z_{it}\delta$ 处截断，即 $W_{it} \geqslant -Z_{it}\delta$，且 $W \sim N(0, \sigma_U^2)$。

其期望值计算公式为

$$m_{it} = Z_{it}\delta \qquad (4.1-10)$$

同时令 $\sigma^2 = \sigma_v^2 + \sigma_u^2$，$\gamma = \dfrac{\sigma_u^2}{\sigma_u^2 + \sigma_v^2}$，$\gamma$ 的取值也在 0~1 之间。从产出角度，技术效率的计算公式为

$$TE_{it}=\frac{E(Y_{it}^{*}\mid U_{it},X_{it})}{E(Y_{it}^{*}\mid U_{it}=0,X_{it})}=\exp(-U_{it}) \qquad (4.1-11)$$

式中　E——对括号中的表达式求数学期望。

技术效率的计算式子仍然表达了实际生产情况和前沿面生产情况之比的概念。

技术效率在生产函数和成本函数模型下的取值见表 4.1-1。

表 4.1-1　　　　　　　　技 术 效 率 计 算 式

函数分类	解释变量是否取对数	技术效率 TE
生产函数	是	$\exp(-U_{it})$
成本函数	是	$\exp(U_{it})$
生产函数	否	$(x_{it}\beta-U_{it})/(x_i\beta)$
成本函数	否	$(x_{it}\beta+U_{it})/(x_i\beta)$

随机前沿生产函数模型的发展经历了 Aiger 等（1977），Meeusen 和 Broeck（1977），Battese 和 Coelli（1992），Battese 和 Coelli（1995）等提出的几个阶段。

本研究采用 Battese 和 Coelli(1995) 模型，即超越对数随机前沿生产函数，模型如下：

$$\begin{aligned}
\ln Y_{it}=&\beta_0+\beta_1\ln K+\beta_2\ln H+\beta_3\ln M+\beta_4\ln W+\\
&\beta_5 T+\beta_6(\ln K)^2+\beta_7(\ln H)^2+\beta_8(\ln M)^2+\beta_9(\ln W)^2+\\
&\beta_{10}T^2+\beta_{11}(\ln K\times\ln H)+\beta_{12}(\ln K\times\ln M)+\\
&\beta_{13}(\ln K\times\ln W)+\beta_{14}(\ln K\times T)+\beta_{15}(\ln H\times\ln M)+\\
&\beta_{16}(\ln H\times\ln W)+\beta_{17}(\ln H\times T)+\beta_{18}(\ln M\times\ln W)+\\
&\beta_{19}(\ln M\times T+\beta_{20}(\ln W\times T)+V_{it}-U_{it}
\end{aligned} \qquad (4.1-12)$$

式中　Y——粮食产量，万 t；

K——农业机械总动力，亿 W；

H——化肥施用折纯量，万 t；

M——粮食播种面积，万亩；

W——灌溉水量，亿 m^3；

T——时间变量，1992—2013 年分别为 1~22；

i——地市序号，1，2，…，21；

t——年份，1992—2013 年分别为 1~22；

$\beta_0 \sim \beta_{20}$——解释变量的系数，为待估参数；

U_{it} 和 V_{it}——含义同前所述。

技术非效率模型为

$$U_{it} = \delta_0 + \delta_1(LJNJ) + \delta_2(FLBL) + \delta_3(MJHF) +$$
$$\delta_4(LJMJ) + \delta_5(AR) + \delta_6(IR) + W_{it} \qquad (4.1-13)$$

式中　$LJNJ$——劳均农业机械总动力，万 kW/万人；

　　　$FLBL$——非粮食作物种植面积占农作物总种植面积的比例，%；

　　　$MJHF$——亩均化肥施用折纯量，kg/亩；

　　　$LJMJ$——劳均粮食播种面积，千 hm^2/万人；

　　　AR——农业比重，农业产值占农林牧渔业产值的比重，%；

　　　IR——灌溉面积比例，粮食灌溉面积/粮食播种面积，%；

　　　$\delta_0 \sim \delta_6$——常数项和解释变量的系数，为待估参数。

技术效率的计算公式为

$$TE_i^0 = E\{\exp(-u_i/\varepsilon_i)\}$$
$$= \exp\left[(-\mu_i^0 + 0.5G_0^2)\left(\frac{\phi[\mu_i^0/G_0 - G_0]}{\phi(\mu_i^0/G_0)}\right)\right] \qquad (4.1-14)$$

其中　　　　　$\mu_i^0 = \frac{G_v^2\mu_i - G_u^2\varepsilon_i}{G_v^0 + G_u^2}$ ，$G_0^2 = \frac{G_u^2 G_v^2}{G_u^2 + G_v^2}$

式中　ϕ——标准正态分布的累积密度函数；

　　　E——求数学期望。

4.1.2　DEA 模型

数据包络分析（Data Envelopment Analysis，DEA）是运筹学、管理科学和数量经济学研究的一个新领域，是输入输出指标一致的相同类型生产部门之间生产活动的相对有效性的一种评价方法。

它的核心思想是用数学规划寻求最优解的方法来评价多个输入和输出"单位"或"部门"（称为决策单元，Decision Making Units，DMU）间的相对有效性：即由众多 DMU 构成被评价群体，通过对投入或产出比率的分析，以 DMU 的各个投入或产出指标的权重为变量进行评价运算，确定生产前沿面，并根据各 DMU 与生产前沿面的距离状况，确定各 DMU 是否 DEA 有效，同时还可用投影方法指出非 DEA 有效或弱 DEA 有效的原因及改进的方向和程度。

4.1.2.1　DEA 方法的特点

DEA 方法的特点有以下几点。

首先，DEA 方法是一种效率评价方法，以各 DMU 的投入产出指标的权重为优化变量，采用数学规划的方法，对 DMU 的有效性做出评价。DEA 特别适合多投入多产出的生产状况的效率评价，不涉及参数估计问题，不需要计算综合投入量和综合产出量，不直接对输入输出指标的数据进行处理，避免了对指标值进行量纲统一或无量纲化的处理。因此各项指标的量纲不同不会影响评价结果，在避免主观因素影响、简化算法和减少误差方面有着不可超越的优越性。

其次，DEA 方法是一种新的统计方法。与传统统计方法的"平均性"相比，DEA 方法试图从样本中寻找有效的个体，构成生产前沿面，体现了"最优性"。传统的统计方法是从样本中分析出样本集合整体的一般情况，用一些统计指标来表示，而 DEA 则是将样本中的有效 DMUs 和非有效 DMUs 进行分离，提供了平均法无法体现的信息。

第三，DEA 方法具有聚类的功能。DEA 模型分析计算的结果将决策单元分为三类：DEA 有效、弱 DEA 有效和非 DEA 有效。对于非 DEA 有效的决策单元，可以通过 DEA 方法得出的相对有效值对这些 DMUs 进行排序。DEA 方法不仅可以用线性规划的数学规划方法判断各决策单元的生产点是否在生产前沿面上，而且能够给出 DEA 技术无效或 DEA 弱技术有效的决策单元的改进方向。与参数方法相比，DEA 方法无须建立生产函数的解析表达式，因此该方法被广泛应用于生产单位的生产效率评价、国家和地区发展、行业、企业、事业单位、非营利机构（例如公共服务部门）等的相对有效性评价和分析中，通过模型的深刻的经济含义提供相应的管理信息。

第四，DEA 方法用来估计多投入多产出的生产活动的生产函数。尽管没有给出生产函数的显式表达，但是当估计一种投入的变化引起多种产出变化的向量函数时，DEA 方法可以给出这种函数的隐式表达。

最后，DEA 方法是一种研究多输入多输出问题的多目标决策方法。DEA 模型中的有效 DMUs 和相应的多目标规划问题的帕累托有效解是等价的。

4.1.2.2 经典的 DEA 模型——C^2GS^2 模型

1. DEA 模型基本思想

从投入产出的角度看，产出与投入的比值最能反映生产过程的有效性。对于多投入多产出的生产活动，则采用产出指标的加权和与投入指标的加权和的比值来反映决策单元生产活动的效率。令效率最大化，从而求出各投入产出指标的权重，并分析各决策单元的生产效率，这是 DEA 方法评价

DMU 有效性的基本思想。

效率评价指数是用来衡量产出和投入的加权和之比的指标，表达式为

$$h_i = \frac{u^T Y_i}{v^T X_i} = \frac{\sum\limits_{j=1}^{s} u_j y_{ji}}{\sum\limits_{k=1}^{m} v_k x_{ki}} \ , \ i = 1, 2, \cdots, n \qquad (4.1-15)$$

式中 h——效率评价指数；

        u——投入指标的权重；

        v——产出指标的权重；

(X_i, Y_i)——第 i 个决策单元 DMU_i 的生产点，X 为 m 维投入向量，Y 为 s 维产出向量。

式（4.1-15）描述的生产情况是：样本中有 n 个决策单元，各单元的生产活动均有 m 种投入和 s 种产出。

一般来说，h 越大，说明决策单元用较少的投入生产出较多的产出，是希望得到的结果。那么，效率评价指数 h 的最大值应该是多少呢？在样本中寻找 h 的最大值就是 DEA 模型构建的初衷。上述效率评价指数是针对决策单元 DMU_i 的生产过程进行计算的，因此，n 个决策单元就需要有 n 个线性规划来进行 h 最大化的计算。

2. 可变规模报酬下的 $C^2 GS^2$ 模型

1985 年，A. Charnes 和 W. W. Cooper 等基于可变规模报酬的 DEA 模型（Variable Returns to Scale Data Envelopment Analysis Model，简称 VRSDEA 模型、BC^2 模型）提出另外一个评价生产技术相对有效的 $C^2 GS^2$ 模型，该模型在实践中得到广泛的应用。

加入松弛变量的 VRSDEA 模型（以 $C^2 GS^2$ 模型为例）为

基于投入的 VRSDEA 模型：

$$\begin{cases} \min[\theta - \varepsilon(e_m^T S^- + e_s^T S^-)] \\ \text{s. t.} \quad \sum\limits_{i=1}^{n} \lambda_i X_i + S^- = \theta X_{i_0} \\ \quad\quad \sum\limits_{i=1}^{n} \lambda_i Y_i - S^+ = Y_{i_0} \\ \quad\quad \sum\limits_{i=1}^{n} \lambda_i = 1 \\ \quad\quad \lambda_i \geqslant 0 \ , \ S^- \geqslant 0 \ , \ S^+ \geqslant 0 \ , \ i = 1, 2, \cdots, n \end{cases} \qquad (4.1-16)$$

基于产出的 VRSDEA 模型：

$$
\begin{cases}
\max[\alpha + \varepsilon(e_m^T S^- + e_s^T S^+)] \\[2mm]
\mathrm{s.\,t.} \quad \sum_{i=1}^{n} \lambda_i X_i + S^- = X_{i_0} \\[2mm]
\quad\quad\;\; \sum_{i=1}^{n} \lambda_i Y_i - S^+ = \alpha Y_{i_0} \\[2mm]
\quad\quad\;\; \sum_{i=1}^{n} \lambda_i = 1 \\[2mm]
\quad\quad\;\; \lambda_i \geqslant 0,\ \alpha \geqslant 1,\ S^- \geqslant 0,\ S^+ \geqslant 0,\ i = 1,2,\cdots,n
\end{cases}
\qquad (4.1-17)
$$

式中　ε——非阿基米德无穷小量；

e_m^T——m 维元素为 1 的向量；

e_s^T——s 维元素为 1 的向量；

S^-——m 维松弛变量；

S^+——s 维松弛变量。

从 VRSDEA 模型提出的背景得知，VRSDEA 模型的计算结果有纯技术效率（TE）和规模效率（SE）两部分。因此在可变规模报酬下，决策单元的生产活动 DEA 有效是指技术有效和规模有效同时实现。

对于式（4.1-16）而言，当其最优解满足 $\theta^* = 1$，且 $S^- = 0$，$S^+ = 0$ 时，说明投入已经最小，在不减少产出的情况下，无法再等比例地减少各种投入，也不能个别地减少某种投入或增加某项产出，决策单元 DMU_{i_0} 是 DEA 技术有效的。

当式（4.1-16）的最优解满足 $\theta^* = 1$，但 $S^- \neq 0$ 或 $S^+ \neq 0$ 时，说明 DMU_{i_0} 的某项投入量达到了最小，无法等比例地减少投入，但某些投入过剩或某项产出不足，可以对各项投入或产出进行结构性调整，存在规模无效性，此时 DMU_{i_0} 是 DEA 弱技术有效的单元。

当式（4.1-16）的最优解满足 $\theta^* < 1$ 时，说明在产出不变的情况下，还可以将各项投入同时缩小至原来的 θ^* 倍；如果 $S^- \neq 0$ 或 $S^+ \neq 0$ 时，说明还存在结构问题。此时 DMU_{i_0} 为 DEA 技术无效的单元。

对于式（4.1-17）而言，当其最优解满足 $\alpha^* = 1$，且 $S^- = 0$，$S^+ = 0$ 时，说明产出已经最大，在不增加投入的情况下，无法再等比例地增加各项产出，也不能个别地增加某项产出或减少某种投入，决策单元 DMU_{i_0} 是 DEA 技术有效的。

当式（4.1-17）的最优解满足 $\alpha^* = 1$，但 $S^- \neq 0$ 或 $S^+ \neq 0$ 时，说明 DMU_{i_0} 的某项产出量达到了最大，无法等比例地增加各项产出，但某些产出不足或某些投入不足，可以对各项产出或投入进行结构性调整，也就是说 DMU_{i_0} 的生产活动存在规模无效性，此时 DMU_{i_0} 是 DEA 弱技术有效的单元。

当式（4.1-17）的最优解满足 $\alpha^* > 1$ 时，说明在投入不变的情况下，还可以将各项产出同时扩大至原来的 α^* 倍；如果 $S^- \neq 0$ 或 $S^+ \neq 0$ 时，说明还存在结构问题。此时 DMU_{i_0} 为 DEA 技术无效的单元。

CRSDEA 和 VRSDEA 两类模型是最经典的 DEA 模型，现在来分析上述各种模型测定的技术效率之间的关系。

首先来分析基于投入（input-oriented）和基于产出（output-oriented）的模型测定的技术效率的关系。

从上述介绍可以看出，无论是规模报酬不变（CRS）的生产情况下，还是可变规模报酬（VRS）的生产情况下，DEA 模型都可以分别从投入和产出的角度给出决策单元的实际生产活动的技术效率。在很多的研究过程中，学者都倾向于选择基于投入的 DEA 模型。然而，并不是所有行业的生产活动都适合采用基于投入的 DEA 模型测定各生产单元的效率。当投入资源一定，需要探求尽可能多的产出的时候，选择基于产出的 DEA 模型更为恰当。

在很多情况下，特别是规模报酬不变（CRS）的生产情况下，基于投入和基于产出的 DEA 模型测定的有效的生产单元是一致的，各单元（包括非有效生产单元）的技术效率值也是一样的，用公式表示为

$$TE_{\text{Input-CRS}} = TE_{\text{Output-CRS}} \tag{4.1-18}$$

在可变规模报酬（VRS）的生产活动中，基于投入和基于产出的 DEA 模型测定的前沿面和有效决策单元都是一致的。只有非有效的决策单元的技术效率在基于投入和基于产出的 DEA 模型下是不同的。当规模报酬递增时，$TE_{\text{Input-VRS}} < TE_{\text{Output-VRS}}$，当规模报酬递减时，$TE_{\text{Input-VRS}} > TE_{\text{Output-VRS}}$。

再来分析可变规模报酬模型（VRSDEA）测定的技术效率和规模报酬不变模型（CRSDEA）测定的技术效率之间的关系。

在可变规模报酬的生产活动中，VRSDEA 模型考虑了规模效率，因此其纯技术效率要大于 CRSDEA 模型测定的技术效率，用公式表示为

$$TE_{CRS} = TE_{VRS} \times SE \tag{4.1-19}$$

式中　TE_{CRS}——CRSDEA 模型测定的生产活动的技术效率；

　　　TE_{VRS}——VRSDEA 模型测定的生产活动的技术效率；

　　　SE——VRSDEA 模型测定的生产活动的规模效率。

式（4.1-19）成立的前提是无论 CRSDEA 还是 VRSDEA 模型，同为基于投入或同为基于产出的模型。

设有 n 个生产单元，分别有 m 种投入和 k 种产出，进行多投入多产出生产活动。每种投入和产出都作为一个评价指标，因此共有 $m+k$ 个评价指标。各单元的生产活动（X_j，Y_j）（$j=1,2,\cdots,n$）所生成的生产可能集 T 是一个凸多面体，即

$$T = \{(X,Y) \mid X \geqslant \sum_{j=1}^{n} \lambda_j X_j,\ Y \leqslant \sum_{j=1}^{n} \lambda_j Y_j,$$

$$\sum_{j=1}^{n} \lambda_j = 1,\ \lambda_j \geqslant 0,\ j=1,2,\cdots,n\} \tag{4.1-20}$$

C^2GS^2 模型就是在此生产可能集上，认为位于可能集边界上的生产单元是技术有效的，而位于可能集内部的点是非技术有效的，并且分析其非技术有效的原因，给出改进的方法。

从投入角度看，引入松弛变量 S^-、S^+ 和非阿基米德无穷小量 ε，在生产可能集 T 上建立生产技术有效性模型——C^2GS^2 模型，即

$$\begin{cases} \min[\theta - \varepsilon(\hat{e}^T S^- + e^T S^+)] = V_D(\varepsilon) \\ \text{s.t.} \quad \sum_{j=1}^{n} \lambda_j x_j + S^- = \theta x_{j0} \\ \qquad \sum_{j=1}^{n} \lambda_j Y_j - S^+ = \theta x_{j0} \\ \qquad \sum_{j=1}^{n} \lambda_j = 1 \\ \qquad \lambda_j \geqslant 0,\ S^- \geqslant 0,\ S^+ \geqslant 0,\ j=1,2,\cdots,n \end{cases} \tag{4.1-21}$$

其中 $\hat{e}^T = (1,\cdots,1) \in R_S$，$e^T = (1,\cdots,1) \in R_S$；

式中　θ——生产单元的效率；

　　　ε——非阿基米德无穷小量；

S^+、S^-——松弛变量；

　　λ_j——第 j 个生产单元的权值；

x_j、y_j——第 j 个生产单元的投入和产出向量。

该模型的意义是：在保证产出不减少的情况下，尽力使各种投入按同一比例缩小，同时 S^+、S^- 给出所评价的生产单元投入产出结构调整的信息。该模型不仅给出生产单元是否有效及非有效时的改进方案，而且对前沿生产函数进行了估计。这种估计虽然没有给出前沿生产函数的具体形式，但是却给出了任意生产活动 (X, Y) 在生产前沿面上的对应点。

投入技术效率和产出技术效率分别定义为各投入要素技术效率和各产出要素技术效率的均值，即

投入技术效率为

$$ITE = \frac{1}{m}\sum_{i=1}^{m} ITE_i = \theta - \frac{1}{m}\sum_{i=1}^{m} S_i^- / X_i \qquad (4.1-22)$$

产出技术效率为

$$OTE = \frac{1}{n}\sum_{j=1}^{n} OTE_i = \theta - \frac{1}{n}\sum_{j=1}^{n} S_j^+ / Y_j \qquad (4.1-23)$$

式中　S_i^- / X_i——第 i 种投入的结构技术效率损失；

　　S_j^+ / Y_j——第 j 种产出的结构技术效率损失。

生产单元的技术效率为

$$
\begin{aligned}
TE &= ITE \times OTE \\
&= \left[\theta - \frac{1}{m}\sum_{i=1}^{m} S_i^- / X_i\right]\left[\theta - \frac{1}{n}\sum_{j=1}^{n} S_j^+ / Y_j\right] \qquad (4.1-24)
\end{aligned}
$$

4.2　模型数据

查阅广东省统计年鉴、广东农村统计年鉴、广东省水资源公报、各市水资源公报，收集到广东省以及各市在 2014 年之前的农业有关统计数据。

4.2.1　随机前沿参数模型数据情况

随机前沿模型用到的原始数据有粮食产量（Y）、劳动力（L）、农业机械总动力（K）、化肥施用折纯量（H）、粮食播种面积（M）、灌溉用水量（W）、农作物总种植面积、农业产值、农林牧渔业总产值、有效灌溉面积，见表 4.2-1。

表 4.2-1　　　　　　　　　投 入 产 出 指 标

序 号	指 标	资料序列	单 位
1	劳动力	1992—2013 年	万人
2	农业机械总动力	1992—2013 年	亿 W
3	化肥施用折纯量	1992—2013 年	万 t
4	粮食播种面积	1992—2013 年	千 hm²
5	灌溉用水量	2004—2013 年	亿 m³
6	农作物总种植面积	1992—2013 年	千 hm²
7	农业产值	1992—2013 年	亿元
8	农林牧渔业总产值	1992—2013 年	亿元
9	有效灌溉面积	1992—2013 年	万亩
10	粮食产量	1992—2013 年	万 t

以粮食产量（Y）为例，计量经济学模型所用面板数据，如图 4.2-1 所示。

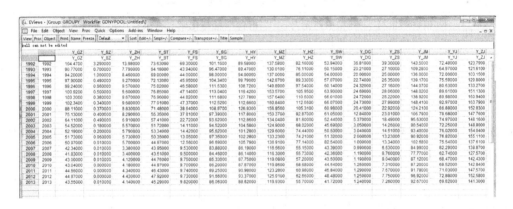

图 4.2-1　广东各市粮食产量（Y）面板数据序列

4.2.2　DEA 模型数据情况

DEA 模型中粮食生产的投入指标选取劳动力（L）、农业机械总动力（K）和化肥施用折纯量（H）、粮食播种面积（M）和灌溉用水量（W），产出指标为粮食总产量（Y）。各指标见表 4.2-2。

表 4.2-2　　　　　　　　　投 入 产 出 指 标

指标类型	指 标	资料序列	单 位
投入指标	劳动力	1992—2013 年	万人
	农业机械总动力	1992—2013 年	亿 W
	化肥施用折纯量	1992—2013 年	万 t

指标类型	指　　标	资料序列	单　位
投入指标	粮食播种面积	1992—2013 年	千 hm²
	灌溉用水量	2004—2013 年	亿 m³
产出指标	粮食产量	1992—2013 年	万 t

4.3　粮食生产技术效率计算

4.3.1　基于 SFAP 模型的粮食生产技术效率计算

对产出指标与投入指标的相关性进行分析。整理广东省 1992—2013 年各市的粮食产量（产出指标，即为被解释变量）和投入变量（解释变量）的相关数据，这些解释变量和被解释变量之间的相关系数见表 4.3-1。

表 4.3-1　　　　　　粮食产量与各投入要素的相关系数表

项　目	粮食产量与劳动力	粮食产量与机械总动力	粮食产量与化肥施用折纯量	粮食产量与播种面积	粮食产量与灌溉水量
相关系数	0.099	0.681	0.829	0.935	0.940

粮食产量和化肥施用折纯量、播种面积、灌溉用水量都高度相关。粮食产量和劳动力的相关系数为 0.099，两者明显不相关。对于粮食产量与机械总动力，由于相关系数小于 0.8，采用假设检验的方法验证这两个指标和产量之间的相关关系。原假设 H_0 为：X 与 Y 的相关关系不显著，r_{xy} 不可以作为度量 X 与 Y 之间存在相关关系的依据。当 $|t| \geqslant t_{(\alpha/2)}$ 时，拒绝 H_0；反之，接受 H_0，见表 4.3-2。

自由度 $d_f = n - 1 = 22 - 1 = 21$，$t = \dfrac{r_{xy}\sqrt{n-1}}{\sqrt{1 - r_{xy}^2}} = 23.6$。

表 4.3-2　　　　粮食产量与机械总动力的相关关系显著性检验表

r_{xy}	n	d_f	t	$t_{(\alpha/2)}$	H_0
0.681	22	21	23.6	2.07	拒绝

从假设检验的结果看，$t > t_{(\alpha/2)}$ 拒绝原假设 H_0，说明粮食产量和机械总动力具有显著相关关系，可以将机械总动力用于粮食产量与机械总动力、化肥施用折纯量、播种面积和灌溉水量的回归方程的构建中。

随机前沿生产函数的形式有很多种。因此，在计算之前要进行模型的选择。先将模型形式设定为包容性强大的超越对数随机前沿函数，通过假设检验对各种生产函数形式进行排除和选择，最后通过检验的函数形式用于技术效率的研究。

采用最大似然比检验（LR 检验）法，对各种生产函数形式的优劣进行检验，确定函数形式。广义似然比统计量的计算公式为

$$\lambda = -2\ln[L(H_0)/L(H_1)] \tag{4.3-1}$$

式中 $L(*)$ ——似然函数；

H_0 和 H_1 ——零假设和备择假设；

λ ——广义似然比统计量。

LR 检验结果如表 4.3-3 所示。表中 n 为零约束变量的数目，称为自由度。各零假设的含义如下：假设 1，生产函数中所有二阶系数为零，即生产函数是 Cobb-Douglas 函数（简称 C-D 函数）；假设 2，生产函数中所有和时间变量有关的项的系数均为零，即在 2004—2013 年粮食生产不存在技术效率改变；假设 3，生产函数中所有时间和其他投入的乘积的二次项的系数为零，即粮食生产符合希克斯中性技术进步；假设 4，不存在技术非效率，平均生产函数就是生产前沿面。

由假设检验的结果可以看出：在 5% 的显著性水平下，所有的零假设都被拒绝。检验表明：①比较常见的 C-D 型生产函数在本研究中是不合适的；②在 2004—2013 年之间，广东省粮食生产确实存在技术效率的变化；③这种技术进步是希克斯非中性技术进步，也就是说技术进步会影响要素间的边际技术替代率；④技术非效率是显著存在的，传统的、用 OLS（Ordinary Least Squared）估计得到的平均生产函数不能代表有效率的生产状态。因此，采用超越对数随机前沿生产函数作为研究模型是科学合理的。

表 4.3-3　　　　　假设检验分析表

假设检验	零假设	对数似然函数值	统计量 λ	临界值（显著性水平为 5%）	检验结果
1	$H_0: \beta_i = 0$，$i = 7, 8, \cdots, 27$	84.39	132.1	$(n=15)$ 24.38	拒绝
2	$H_0: \beta_i = 0$，$i = 5, 11, 16, 20, 23, 25, 27$	147.88	115.29	$(n=6)$ 11.91	拒绝
3	$H_0: \beta_i = 0$，$i = 16, 20, 23, 25, 27$	147.28	52.81	$(n=4)$ 8.76	拒绝
4	$H_0: \gamma = \delta_i = 0$，$i = 0, 1, \cdots, 10$	292.35	285.15	$(n=9)$ 16.27	拒绝

鉴于灌溉水量对于灌溉用水技术效率计算的特殊作用，先不考虑灌溉水量，以 1992—2013 年数据为样本构建模型。随机前沿生产函数和效率损失函数的参数估计结果见表 4.3－4。

表 4.3－4　　　　　　　　前沿函数和效率函数估计结果

函数	解释变量	参 数	参数值	标准差	t 检验值
前沿生产函数	常数项	β_0	-0.9844	0.0846	-11.6353
	$\ln K$	β_1	0.1479	0.0484	3.0572
	$\ln H$	β_2	-0.0319	0.0648	-0.4924
	$\ln M$	β_3	0.9601	0.0351	27.3182
	T	β_4	0.0209	0.0076	2.7421
	$(\ln K)^2$	β_5	0.0157	0.0151	1.0382
	$(\ln H)^2$	β_6	-0.0212	0.0246	-0.8615
	$(\ln M)^2$	β_7	0.0132	0.0059	2.2349
	T^2	β_8	-0.0011	0.0002	-6.6729
	$\ln K \times \ln H$	β_9	0.0393	0.0208	1.8937
	$\ln K \times \ln M$	β_{10}	-0.0473	0.0158	-2.9944
	$\ln K \times T$	β_{11}	-0.0021	0.0018	-1.1587
	$\ln H \times \ln M$	β_{12}	0.0052	0.0250	0.2075
	$\ln H \times T$	β_{13}	0.0002	0.0026	0.0738
	$\ln M \times T$	β_{14}	0.0019	0.0018	1.0653
效率函数	常数项	δ_0	0.322575	0.07584	4.253339
	$LJNJ$	δ_1	6.20E－08	3.93E－06	0.015775
	$FLBL$	δ_2	-0.00351	0.000861	$-4.0782 ***$
	$MJHF$	δ_3	0.000625	0.000631	0.989945
	$LJMJ$	δ_4	-0.00059	0.000172	$-3.45366 ***$
	AR	δ_5	0.000324	0.000741	0.437252
	IR	δ_6	-0.00155	0.000472	$-3.29227 ***$
	σ^2		0.0956	0.0134	7.1413
	γ		0.8968	0.0142	63.1323
似然函数值			329.4299		
似然比 λ			290.6858		
平均技术效率			0.7905		

注　t 值的分位数分别为：1% 显著性水平下为 2.508，5% 显著性水平下为 1.717，10% 水平下为 1.321。*** 表示在 1% 的显著性水平下，通过对应的假设检验。

从表 4.3-4 可以看出，影响粮食产量的因素中，农业机械总动力（K）和粮食播种面积（M）这两项投入指标与粮食产量正相关，说明广东省现状的粮食产量提高可以通过农业机械的设备的投入和增加粮食播种面积来得到实现。化肥施用折纯量（H）与粮食产量负相关，说明从广东省的范围来看，在现状粮食生产情况下，不能再通过增加化肥投入量来提高产量，而要充分发挥现有的粮食生产技术水平以期提高粮食产量。

从表 4.3-4 可以看出，影响技术效率的因素中，非粮食作物种植面积比例（$FLBL$）、劳均粮食播种面积（$LJMJ$）、灌溉面积比例（IR）在 1% 的显著性水平上影响粮食生产的技术效率；劳均农业机械总动力（$LJNJ$）、亩均化肥施用折纯量（$MJHF$）、农业比重（AR）对粮食生产技术效率的影响不显著。在效率函数中，劳均农业机械总动力（$LJNJ$）、亩均化肥施用折纯量（$MJHF$）、农业比重（AR）与技术非效率正相关，即与技术效率负相关。非粮食作物种植面积比例（$FLBL$）、劳均粮食播种面积（$LJMJ$）、灌溉面积比例（IR）与技术非效率负相关，即与粮食生产技术效率正相关。

选择 1995 年、2005 年和 2010 年分析技术效率在各市之间的分布情况，并对它们进行对比，如图 4.3-1 所示。

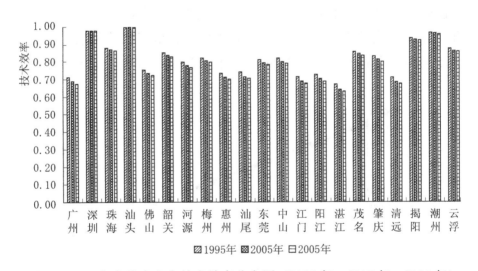

图 4.3-1　各市粮食生产技术效率分布图（1995 年、2005 年、2010 年）

图 4.3-1 的横轴表示各市，纵轴表示各市的技术效率。从图 4.3-1 可以看出，广州、珠海、佛山、韶关、河源、梅州、惠州、汕尾、东莞、中山、江门、阳江、湛江、茂名、肇庆、清远、揭阳和云浮在这三个代表年间

粮食生产的技术效率呈现下降趋势,深圳、汕头和潮州在这三个代表年间粮食生产的技术效率几乎没有变化。分析其原因为:1995 年、2005 年和 2010年,广州、珠海、佛山、韶关、河源、梅州、惠州、汕尾、东莞、中山、江门、阳江、湛江、茂名、肇庆、清远、揭阳和云浮对技术效率产生负面影响的因素中,劳均农业机械总动力($LJNJ$)、亩均化肥施用折纯量($MJHF$)、农业比重(AR)均呈现上升趋势,而这 18 个市在这三年的非粮食作物种植面积比例($FLBL$)、劳均粮食播种面积($LJMJ$)、灌溉面积比例(IR)呈现下降趋势,因此这 18 个市的粮食生产技术效率呈现下降趋势。同时,深圳、汕头和潮州对技术效率产生负面影响的因素中,劳均农业机械总动力($LJNJ$)、亩均化肥施用折纯量($MJHF$)、农业比重(AR)均基本不变,而这五个市在这三年的非粮食作物种植面积比例($FLBL$)、劳均粮食播种面积($LJMJ$)、灌溉面积比例(IR)基本不变,因此这三个市的粮食生产技术效率在这三个代表年中基本不变。

从广东省整体情况来看,劳均农业机械总动力($LJNJ$)、亩均化肥施用折纯量($MJHF$)、农业比重(AR)的全省平均值在 1995 年、2005 年和2010 年间呈现的变化趋势,而与之相反的是非粮食作物种植面积比例($FLBL$)、劳均粮食播种面积($LJMJ$)、灌溉面积比例(IR)的全省平均值变化趋势,因此全省多数地市的粮食生产技术效率在 1995 年、2005 年和2010 年间呈现的变化趋势与这两类值的变化趋势呈现相关关系。

1992—2013 年间广东省平均的粮食生产技术效率变化趋势如图 4.3 - 2所示。

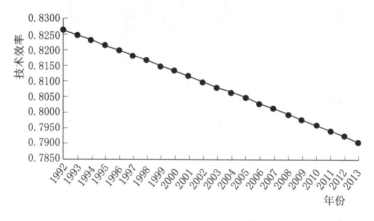

图 4.3 - 2　广东省粮食生产技术效率年际分布图

(随机前沿法,不考虑灌溉水量)

图 4.3-2 中，1992—2013 年各年作为时间点分布在横轴上，纵轴是每年广东省粮食生产的平均技术效率值。图 4.3-2 反映了广东省平均的粮食生产技术效率在年际间的变化。在 1992—2013 年这 22 年间，广东省粮食生产的技术效率呈现递减的趋势。分析其原因为：对粮食生产技术效率产生正面影响的因素劳均粮食播种面积（*LJMJ*）在 1992—2013 年整体呈现递减趋势，而对粮食生产技术效率产生负面影响的劳均农业机械总动力（*LJNJ*）、亩均化肥施用量（*MJHF*）在 1992—2013 年整体也呈现递增趋势，因此广东省平均的粮食生产技术效率 1992—2013 年整体呈现递减趋势。具体的指标值见表 4.3-5。

表 4.3-5　　　　　　影响技术效率的指标值（广东省平均）

年份	指标					
	劳均农业机械总动力/（万 kW/万人）	非粮食作物播种面积比例/%	亩均化肥施用折纯量/（kg/亩）	劳均粮食播种面积/（千 hm²/万人）	农业比重/%	灌溉面积比例/%
1992	0.958	35.566	21.565	2.294	58.199	—
1993	1.105	37.283	21.469	2.203	54.109	—
1994	1.157	36.487	21.878	2.306	54.558	—
1995	1.166	36.507	24.595	2.352	53.804	—
1996	0.943	37.225	23.295	2.371	52.323	—
1997	1.125	37.778	20.482	2.325	51.396	—
1998	1.126	38.060	20.394	2.276	50.542	—
1999	1.133	37.777	21.894	2.139	49.264	70.649
2000	1.122	39.889	22.779	1.972	47.493	74.702
2001	1.124	41.095	24.790	1.973	47.490	74.907
2002	1.143	44.204	27.069	1.723	47.262	85.281
2003	1.159	44.989	27.364	1.733	44.624	84.961
2004	1.179	41.978	27.912	1.829	44.551	—
2005	1.162	42.133	28.329	1.817	45.318	—
2006	1.184	43.716	32.269	1.609	48.709	—
2007	1.206	43.170	33.561	1.618	47.096	—
2008	1.293	43.239	34.300	1.626	44.927	—
2009	1.370	43.287	34.727	1.668	46.472	—

年份	指标					
	劳均农业机械总动力 /（万 kW/万人）	非粮食作物播种 面积比例/%	亩均化肥施用折 纯量/（kg/亩）	劳均粮食播种面积 /（千 hm²/万人）	农业比 重/%	灌溉面积 比例/%
2010	1.535	44.040	34.964	1.724	46.877	88.878
2011	1.676	44.654	35.185	1.804	14.274	—
2012	1.754	45.132	35.335	1.845	37.078	80.724
2013	1.831	46.625	34.611	1.838	49.420	81.778

再考虑灌溉水量，选取 2004—2013 年的相关指标的数据构建基于面板数据的随机前沿生产函数模型和效率损失模型，参数估计结果见表 4.3 - 6。

表 4.3 - 6　前沿函数和效率函数估计结果（考虑灌溉用水量）

函数	解释变量	参数	参数值	标准差	t 检验值
前沿生产函数	常数项	β_0	-1.2131	0.1479	-8.2038
	$\ln K$	β_1	-0.3150	0.1368	-2.3028
	$\ln H$	β_2	0.0389	0.1782	0.2182
	$\ln M$	β_3	1.2356	0.0881	14.0219
	$\ln W$	β_4	0.0747	0.1689	0.4426
	T	β_5	-0.0296	0.0301	-0.9827
	$(\ln K)^2$	β_6	-0.0354	0.0330	-1.0720
	$(\ln H)^2$	β_7	0.0476	0.1017	0.4681
	$(\ln M)^2$	β_8	0.0112	0.0117	0.9628
	$(\ln W)^2$	β_9	-0.1423	0.0877	-1.6223
	T^2	β_{10}	0.0049	0.0020	2.4258
	$\ln K \times \ln H$	β_{11}	-0.1790	0.0710	-2.5210
	$\ln K \times \ln M$	β_{12}	0.0650	0.0545	1.1940
	$\ln K \times \ln W$	β_{13}	0.1760	0.0742	2.3720
	$\ln K \times T$	β_{14}	0.0023	0.0073	0.3173
	$\ln H \times \ln M$	β_{15}	-0.0297	0.0817	-0.3640
	$\ln H \times \ln W$	β_{16}	0.0660	0.1614	0.4087
	$\ln H \times T$	β_{17}	0.0193	0.0168	1.1485

续表

函数	解释变量	参数	参数值	标准差	t 检验值
前沿生产函数	$\ln M \times \ln W$	β_{18}	-0.0458	0.0783	-0.5851
	$\ln M \times T$	β_{19}	-0.0104	0.0083	-1.2468
	$\ln W \times T$	β_{20}	-0.0059	0.0199	-0.2971
效率函数	常数项	δ_0	-0.2930	0.3539	-0.8277
	$LJNJ$	δ_1	0.0000	0.0000	-1.8123
	$FLBL$	δ_2	-0.0048	0.0048	-1.0053
	$MJHF$	δ_3	0.0073	0.0054	1.3721
	$LJMJ$	δ_4	0.0027	0.0007	3.6872
	AR	δ_5	-0.0041	0.0017	-2.4589
	IR	δ_6	0.0054	0.0015	3.5300
σ^2			0.0347	0.0038	9.1204
γ			0.2678	0.0972	2.7552
似然函数值			66.95		
似然比 λ			34.86		
平均技术效率			0.7976		

注 本文的实例中，t 值的分位数分别为：1%显著性水平下为2.342，5%显著性水平下为1.651，10%显著性水平下为1.285。

考虑灌溉水量为解释变量时，各市2004—2013年平均的粮食生产技术效率分布如图4.3-3所示。

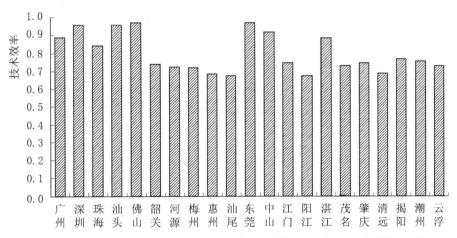

图4.3-3　广东省各市2004—2013年平均技术效率（考虑灌溉水量）

从图 4.3-3 看出，2004—2013 年间，广东省各市的技术效率平均值变化范围为 [0.674, 0.974]，其中，阳江市的粮食生产技术效率偏低，为0.674；而东莞市的粮食生产技术效率较高，为 0.974。

从表 4.3-6 可以看出，对粮食生产技术效率起显著性影响的指标有劳均农业机械总动力（$LJNJ$）、劳均粮食播种面积（$LJMJ$）、农业比重（AR）和灌溉面积比例（IR）、亩均化肥用量（$MJHF$）。其中，劳均农业机械总动力（$LJNJ$）、农业比重（AR）指标对粮食生产技术效率产生正面影响，其余指标对粮食生产技术效率产生负面影响。东莞在 2004—2013 年间劳均农业机械总动力为 3.805 万 kW/万人，农业比重为49.19%，为各市最高，而亩均化肥施用量 23.35kg/亩，劳均粮食播种面积为 0.379 千 hm²/万人，均为各市中的较低值。阳江的劳均农业机械总动力为 1.243 万 kW/万人，农业比重为 34.31%，为各市较低值，而劳均粮食播种面积为 2.249 千 hm²/万人，为各市中的较高值。在这几项指标的显著影响下，2004—2013 年间，东莞市的粮食生产技术效率较高，而阳江市的粮食生产技术效率较低。

2004—2013 年影响各市粮食生产技术效率的指标平均值见表 4.3-7。

表 4.3-7　　　　影响各市粮食生产技术效率的指标平均值

年份	指标					
	劳均农业机械总动力/(万 kW/万人)	非粮食作物播种面积比例/%	亩均化肥施用折纯量/(kg/亩)	劳均粮食播种面积/(千 hm²/万人)	农业比重/%	灌溉面积比例/%
广州	2.745	65.401	24.978	1.228	51.472	89.862
深圳	8.473	99.330	68.516	0.153	7.382	45.588
珠海	0.641	58.538	35.407	0.238	15.947	94.234
汕头	0.607	39.264	29.835	1.013	46.310	46.021
佛山	4.152	80.945	31.258	0.825	29.526	37.761
韶关	1.480	50.795	21.398	2.428	64.818	69.219
河源	0.702	27.442	18.665	2.341	58.896	46.396
梅州	1.232	35.647	28.221	2.308	59.758	54.822
惠州	1.715	49.598	22.967	2.144	59.579	90.881
汕尾	1.023	37.660	27.548	1.631	38.241	70.297
东莞	3.805	87.939	23.350	0.379	49.188	68.242
中山	4.887	64.322	41.024	1.281	30.349	44.478
江门	1.143	33.633	28.049	1.488	32.162	60.904

续表

年份	指标					
	劳均农业机械总动力 /（万 kW/万人）	非粮食作物播种面积比例/%	亩均化肥施用折纯量/（kg/亩）	劳均粮食播种面积 /（千 hm²/万人）	农业比重/%	灌溉面积比例/%
阳江	1.243	39.107	29.777	2.249	34.310	43.147
湛江	1.781	55.751	41.986	1.465	50.151	44.926
茂名	0.096	36.832	50.205	1.543	47.626	42.573
肇庆	1.193	41.113	32.379	2.010	46.521	50.111
清远	0.910	48.118	32.884	1.888	56.438	72.393
潮州	0.532	35.356	36.674	1.353	48.925	58.723
揭阳	0.797	28.546	44.926	1.221	41.756	42.815
云浮	1.266	35.219	26.533	1.941	41.330	58.370

从广东省整体情况来看，劳均农业机械总动力（$LJNJ$）、亩均化肥施用量（$MJHF$）、农业比重（AR）的全省平均值在 1995 年、2005 年和 2010 年间呈现的变化趋势，而与之相反的是非粮食作物种植面积比例（$FLBL$）、劳均粮食播种面积（$LJMJ$）、灌溉面积比例（IR）的全省平均值变化趋势，因此全省多数地市的粮食生产技术效率在 1995 年、2005 年和 2010 年间呈现的变化趋势与这两类值的变化趋势呈现相关关系。

2004—2013 年间广东省平均的粮食生产技术效率变化趋势如图 4.3-4 所示。

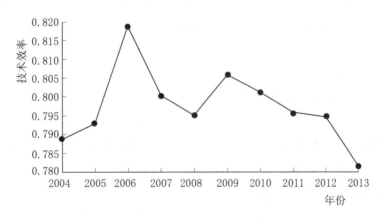

图 4.3-4　广东省平均粮食生产技术效率 2004—2013 年际分布图
（随机前沿法，考虑灌溉水量）

从图 4.3-4 可以看出，2004—2013 年间广东省平均粮食生产技术效率呈现波浪式的变化趋势，平均技术效率为 0.7976，与图 4.3 - 2 中 2004 年之后的技术效率变化趋势有差别。分析其变化的原因为：图 4.3 - 2 中技术效率计算未考虑灌溉水量的影响，说明灌溉用水因素对于技术效率影响是很关键的，具体的指标值见表 4.3 - 7。

4.3.2　DEA 模型计算

数据包络分析法（DEA）是技术效率测定的非参数方法中应用十分广泛的一种方法。特别是在多投入多产出的生产活动中，数据包络分析法有独特的优势。由于该方法不必得出前沿生产函数的解析表达式，而是从样本中寻找有效的个体构成前沿面，从而将决策单元分为 DEA 技术有效、弱 DEA 有效和 DEA 技术无效三类，因此可以明确区分决策单元相对有效性，并且给出各决策单元生产状况的改进方向。DEA 方法还可以将由科学技术进步和由技术效率提高带来的生产率的进步加以区分。DEA 方法最大的优点就是能够将现状生产状况和前沿面生产状况进行量化对比，找到各生产单元在不同期的投入产出目标值，对于生产实践有着具体和重要的指导作用。考虑到财政约束和不完全市场竞争的存在，选择可变规模报酬下的 DEA 模型——C^2GS^2 模型，从产出角度分析粮食生产的技术效率。

可变规模报酬的数据包络分析模型通过纯技术效率和规模效率衡量生产活动的有效性。其中纯技术效率衡量了各生产单元与包络面的差距，与参数方法的技术效率内涵一致，为讨论方便，在本章中依然采用"技术效率"进行相关的描述。从产出角度对可变规模报酬的 DEA 模型进行求解，基于产出的 DEA（Output - oriented VRSDEA）模型计算结果分为以下两部分。

1. 第一部分——技术效率的计算结果

先计算不考虑灌溉用水量时的粮食生产技术效率。从 1992—2013 年间选择 1995 年、2005 年和 2010 年 3 个年份，分析各市的技术效率分布情况和广东省粮食生产技术效率在 1992—2013 年间的年际分布，见图 4.3 - 5。

图 4.3 - 5 中，横轴代表广东省各市，纵轴代表可变规模报酬的 DEA 模型计算得出的各市技术效率值。

图 4.3 - 6 给出了数据包络分析法计算的广东省粮食生产技术效率在 1992—2013 年间的变化情况，横轴是年份，纵轴代表每年全省粮食生产技术效率值。从图中可看出，广东省粮食生产技术效率在 1992—2013 年间的变化区间为 0.649～0.872，变化幅度不大。

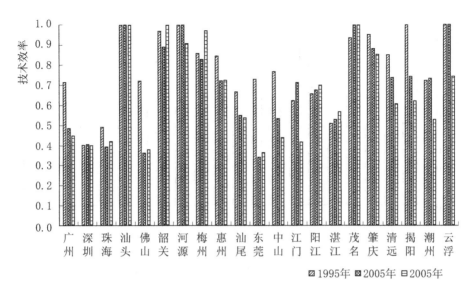

图 4.3-5 各市粮食生产技术效率分布图（1995 年、2005 年、2010 年）

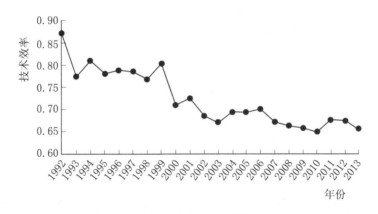

图 4.3-6 广东省粮食生产技术效率年际分布（DEA 法）

再计算考虑灌溉用水量时的粮食生产技术效率，选取 2004—2013 年的相关投入产出数据，计算结果见图 4.3-7 和图 4.3-8。

从图 4.3-7 看出，各市 2004—2013 年平均的粮食生产技术效率变化范围为 [0.3578,1]。其中，茂名在 2004—2013 年平均的技术效率值为 1，处于邻近省份中的较高值，分析其原因为：对粮食生产技术效率产生正面影响的因素非粮食作物种植面积比例（FLBL）、劳均粮食播种面积（LJMJ）、灌溉面积比例（IR）在 1992—2013 年间整体呈现不平稳趋势，而对粮食生产技术效率产生负面影响的劳均农业机械总动力（LJNJ）、亩均化肥施用量（MJHF）、农业比重（AR）在 1992—2013 年间整体也呈现不平稳趋势。

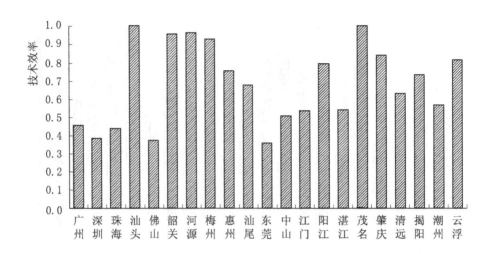

图 4.3－7 各市 2004—2013 年平均的粮食生产技术效率

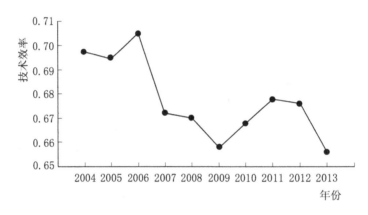

图 4.3－8 广东省平均粮食生产技术效率 2004—2013 年际分布图
（DEA 法，考虑灌溉水量）

2. 第二部分——决策单元的 DEA 技术有效、弱 DEA 技术有效和 DEA
非技术有效的划分

根据可变规模报酬下 DEA 有效性的定义，将各市在 2005 年的粮食生
产活动进行有效性的划分。当技术效率为 1，规模效率也为 1 时，该 DMU
为 DEA 技术有效单元，称为总体技术有效单元。

当技术效率为 1，规模效率小于 1，或投入和产出的松弛变量不全为
0 时，该 DMU 为 DEA 弱技术有效单元，称为纯技术有效单元；当技术效
率小于 1 时，该 DMU 为 DEA 非技术有效单元，如果投入和产出的松弛变
量不全为 0，则还存在结构调整的问题。

2013 年作为决策单元的各市的技术效率和松弛变量的情况如表 4.3-8 所示。

图 4.3-5～图 4.3-6 描述了 1992—2013 年间粮食生产技术效率的变化情况，图 4.3-7～图 4.3-8 描述了考虑灌溉用水量这项投入时 2004—2013 的粮食生产技术效率的情况。两种情况下，2004 年后技术效率的变化趋势大致相同。在各市中，韶关市对技术效率产生负面影响的因素值［劳均农业机械总动力（LJNJ）、亩均化肥施用量（MJHF）、旱灾面积比例（DR）和水灾面积比例（FR）］较低，因此其粮食生产技术效率值偏高。

表 4.3-8 给出了 2013 年各市粮食生产的 DEA 有效性。技术效率为 1 的生产单元包括技术效率为 1 而规模效率小于 1 的单元，即弱技术有效单元。这些弱 DEA 有效单元的规模效率小于 1，在产量一定的情况下某项投入还未达到最小，也就是说其生产活动还存在结构调整的问题。技术有效（技术效率和规模效率均为 1）的市有汕头、梅州和茂名，弱技术有效（技术效率为 1，规模效率小于 1）的市有深圳、珠海和湛江，其余市为 DEA 技术无效单元，技术无效的单元不仅存在技术效率提高的问题，还存在投入规模调整的问题。

表 4.3-8　　决策单元 DEA 有效性的划分（2013 年）

城市名称	技术效率	规模效率	投入松弛变量					有效性
			劳动力	机械	化肥	粮食播种面积	灌溉水	
广州	0.468	0.983	0.000	14.224	3.755	0.000	5.294	无效
深圳	1.000	0.459	0.000	0.000	0.000	0.000	0.000	弱有效
珠海	1.000	0.467	0.000	0.000	0.000	0.000	0.000	弱有效
汕头	1.000	1.000	0.000	0.000	0.000	0.000	0.000	弱有效
佛山	0.382	1.000	5.100	8.508	2.840	0.000	6.787	无效
韶关	0.958	0.998	0.000	4.747	0.000	3.846	2.764	无效
河源	0.952	0.970	2.269	1.680	0.000	107.823	6.205	无效
梅州	1.000	1.000	0.000	0.000	0.000	0.000	0.000	有效
惠州	0.728	0.999	0.000	6.053	0.498	0.000	4.002	无效
汕尾	0.567	0.997	0.000	3.842	0.000	11.177	1.343	无效
东莞	0.497	0.735	0.000	3.520	0.000	0.377	0.091	无效
中山	0.588	0.905	0.000	0.000	1.222	3.207	5.356	无效
江门	0.840	0.542	117.646	7.302	0.000	36.946	7.494	无效
阳江	0.958	0.999	0.000	0.840	2.143	23.041	1.329	无效

续表

城市名称	技术效率	规模效率	投入松弛变量					有效性
			劳动力	机械	化肥	粮食播种面积	灌溉水	
湛江	1.000	0.509	0.000	0.000	0.000	0.000	0.000	弱有效
茂名	1.000	1.000	0.000	0.000	0.000	0.000	0.000	有效
肇庆	0.964	0.713	14.795	11.735	0.000	48.637	0.000	无效
清远	0.655	0.800	10.558	3.767	0.000	0.000	0.354	无效
揭阳	0.813	0.805	16.500	0.000	0.000	14.572	0.626	无效
潮州	0.495	0.999	0.000	2.001	1.525	0.000	1.516	无效
云浮	0.698	0.931	5.748	3.714	0.000	4.082	3.654	无效

4.3.3 结果比较

比较随机前沿生产函数方法与 DEA 方法的计算结果，分析两者差异，给出相对合理的方法，作为推荐方法，用于进一步分析灌溉用水效率。

考虑灌溉用水量，将数据包络分析方法计算的粮食生产技术效率与超越对数随机前沿生产函数测定的粮食生产技术效率进行对比，结果如图 4.3 - 9 和图 4.3 - 10 所示。

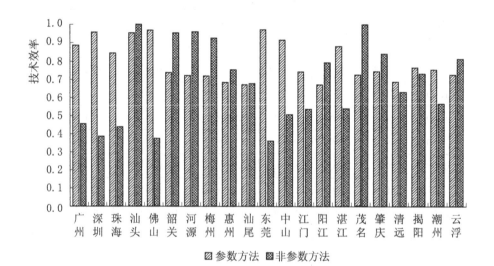

图 4.3 - 9　参数方法与非参数方法计算结果比较（市）

从图 4.3 - 9 可以看出，参数方法（SFAP 法）的技术效率测算值在广东省各市之间的变化区间为 [0.674,0.974]，而非参数方法（DEA 法）的粮食生产技术效率测定结果各市的变化范围为 [0.358,1.000]。

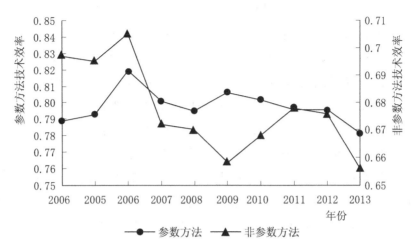

图 4.3 - 10　参数方法与非参数方法计算结果比较

从图 4.3 - 10 可以看出，参数方法和非参数方法测算的 2004—2013 年广东省粮食生产技术效率的变化趋势基本一致，均呈现波浪式的变化趋势。参数方法测算 2004—2013 年广东省粮食生产技术效率多年平均值为 0.796，而非参数方法测算得到的技术效率多年平均值为 0.678。参数方法测定的粮食生产技术效率广东省平均值在 2004—2013 年变化区间为 [0.782,0.819]，而非参数方法测定的粮食生产技术效率的变化区间为 [0.656,0.705]。

4.4　灌溉用水效率模型构建及计算

在上述分析基础上，初步选取影响灌溉水有效利用系数的各种因素。灌溉用水的技术效率的影响因素有很多，为了避免多重共线性问题的发生，根据灌溉用水技术效率的定义，选取和灌溉水有效利用系数不直接相关的因素进行分析，初步选择广东省有效灌溉面积比例（$YXBL$，%）和农村从业人口接受九年义务教育的比例（EDU，%）作为影响灌溉用水技术水平发挥的代表性影响因素，并对选择这两个因素进行分析。

有效灌溉面积比例（$YXBL$，%）为实际灌溉的耕地面积与拟灌溉面积值的比值，代表灌溉技术水平能够得到发挥的可能性；理论上，有效灌溉面积比例与灌溉水的损失量成反比，与灌溉用水效率理应成正比，也就是说，有效灌溉面积比例越大，灌溉水浪费的就少，灌溉用水效率理应越大。

近年来随着科技的快速发展，节水灌溉与农业生产的施肥、喷药、栽培及品种选育等要素越来越熔合、密不可分，水-肥-气-药一体化、物联网管理、智慧农业等综合创新技术日新月异层出不穷，农村劳动人口接受九年义务教育的比例（EDU，%）可以直接影响到灌区作物的田间管理、灌溉设施的使用、新型节水灌溉设备的维护及使用。同时，据国外经济学家统计，从事农业生产的劳动者，根据其受教育程度分为小学学历、中学学历和大学学历三类，分别可以提高劳动生产率4%、10%和300%。从理论上讲，农村劳动者的受教育水平反映了劳动者对农业知识和农业耕种先进技术的应用能力，在实际耕作中能够在很大程度上影响灌溉用水的技术效率。

采用相关性分析、因果关系检验，确定他们之间存在显著相关关系并且切实存在因果关系，然后再进行灌溉用水对其影响因素的脉冲响应分析，根据方差分解法计算的贡献度，筛选得出灌溉水有效利用系数的主要影响因素；据此构建灌溉水有效利用系数测算的指数模型，见式（4.4-1），即

$$IE_i^I = \exp[\{1 - \zeta_i \pm \sqrt{\zeta_i^2 - 2\beta_{ww}u_i}\}/\beta_{ww}] \qquad (4.4-1)$$

其中

$$\zeta_i = \frac{\partial \ln Y_i}{\partial \ln W_i}$$

$$= \beta_W + 2\beta_{WW}\ln W_i + \beta_{WL}\ln L_i + \beta_{WK}\ln K_i +$$

$$\beta_{WH}\ln H_i + \beta_{WM}\ln M_i + \beta_{WT}T \qquad (4.4-2)$$

式中　Y——粮食产量，万 t；

　　　L——劳动力，万人；

　　　K——农业机械总动力，万 kW；

　　　H——化肥施用折纯量，万 t；

　　　M——粮食播种面积，千 hm²；

　　　W——灌溉水量，亿 m³；

　　　T——时间变量，年份序列；

　　　i——研究单元序号；

　　　β——系数。

根据 Reinhard 指数模型计算得出全省灌溉用水技术效率在2004—2013年的变化情况如图4.4-1所示。

在图4.4-1中，纵轴表示灌溉用水技术效率（Irrigation technical efficiency，简称 IE），纵轴表示年份序列。从2004—2013年间，广东省灌溉用水的技术效率呈现波浪形发展趋势，分布范围在0.6962~0.7608之间，平均值为0.7253，效率值较高，变化范围不大。

灌溉用水的技术效率的影响因素有很多，为了避免多重共线性问题的发生，根据灌溉用水技术效率的定义，选择有效灌溉面积比例（$YXBL$，%）

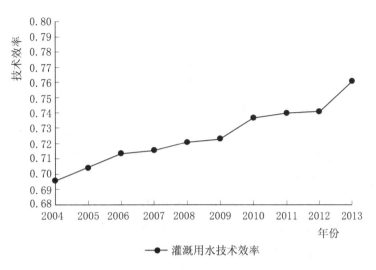

图 4.4-1　全省灌溉用水技术效率年际分布图

和农村从业人口接受九年义务教育的比例（EDU,%）作为影响灌溉用水技术水平发挥的代表性影响因素。其中，有效灌溉面积比例（$YXBL$,%）为实际灌溉的耕地面积与拟灌溉面积值的比例，代表灌溉技术水平能够得到发挥的可能性；农村劳动人口接受九年义务教育的比例（EDU,%）反映了农村劳动者的受教育程度。根据国外经济学家统计，从事农业生产的劳动者，根据其受教育程度分为小学学历、中学学历和大学学历三类，分别可以提高劳动生产率 4%、10% 和 300%。从理论上讲，农村劳动者的受教育水平反映了劳动者对农业知识和农业耕种先进技术的应用能力，在实际耕作中能够影响灌溉用水的技术效率。

分析影响灌溉用水技术效率的因素，发现 2004—2013 年广东省有效灌溉面积比例（见图 4.4-2）和灌溉用水技术效率的变化趋势不完全一致。

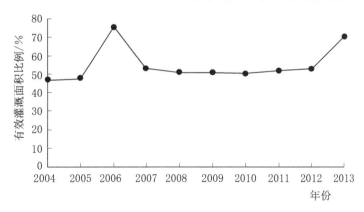

图 4.4-2　全省有效灌溉面积比例年际分布图

这项指标对灌溉用水技术效率（IE）的影响不如全省劳动者受教育比例（EDU）显著。

　　分析影响灌溉用水技术效率的因素，发现 2004—2013 年（见图 4.4 - 3）随着时间的推移，全省农村劳动者接受了九年义务教育的比例有逐渐上升的趋势，在 2008 年之后这个比例急剧增加的原因是 2008 年，国务院下发了《关于促进节约集约用地的通知》（国发〔2008〕3 号）指出，利用农民集体所有土地进行非农建设，必须符合计划，纳入年度计划，并依法审批，导致农村劳动力减少，间接导致劳动者受教育比例在 2008 年后逐渐升高。劳动者接受九年义务教育比例（EDU）呈现整体上升趋势，与灌溉用水技术效率（IE）的变化趋势大致一致。2013 年灌溉用水技术效率全省平均值达到最高，分析其原因为：2013 年全省劳动者受教育比例达到最高，为 55.9%；而在 2004 年灌溉用水技术效率达到最低值，全省劳动者受教育比例的平均值也达到 2004—2013 年的最低值，为 54.1%。因此全省劳动者受教育比例影响到灌溉用水技术效率。

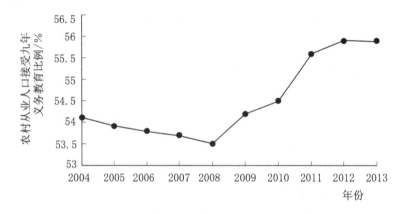

图 4.4 - 3　劳动者受教育比例年际分布图

第5章

典型区域灌溉水有效利用系数测算方法应用

综合考虑灌区的地形地貌、气候、土壤类型、工程设施、管理水平、水源条件（提水、自流引水）、作物种植结构以及灌区是否配备量水设施和开展测算分析工作的技术力量等，结合实际工作选取了梅州大劲水库灌区和人和潭廖队灌区两个典型灌区，分别代表中、小型灌区。在典型灌区测算以及遥感手段的应用下，重点研究梅州市的灌溉水利用系数。

5.1 自然地理

梅州市位于广东省东北部，地处韩江流域中上游的闽、粤、赣三省交界处，东北部连福建省武平、上杭、永定、平和等县（区），西部和西北部接江西省寻乌县、会昌县和广东省河源市的龙川县、紫金县、东源县，东南部邻揭阳市的揭东县和揭西县、潮州市湘桥区和饶平县、汕尾市的陆河县。全境地理坐标位于东经 $115°18' \sim 116°56'$ ，北纬 $23°23' \sim 24°56'$ ，境内南北最大纵距 172km，东西最大横距 167km，全市总面积 15876km²，辖梅江区、兴宁市、梅县区、平远县、蕉岭县、大埔县、丰顺县、五华县等五县一市二区。

梅州市地处五岭山脉以南，全市 85% 左右的面积在海拔 500m 以下的丘陵和山地，素有"八山一水一分田"之称。梅州市地质构造比较复杂，主要由花岗岩、喷出岩、变质岩、砂页岩、红色岩和灰岩六大岩石构成的台地、丘陵、山地、阶地和盆地平原五大类地貌类型。全市山地面积占 24.3%；丘陵及台地、阶地面积占 56.6%；盆地平原面积占 13.7% 左右；河流和水库等水域面积仅占 5.4%。

梅州市属于亚热带季风气候区，地处南亚热带和中亚热带分界处，以大埔县茶阳经梅县区松口、蕉岭县蕉城、平远县石正、兴宁市岗背为分界线，以北为中亚热带区，以南为南亚热带区。梅州境内雨季长，降雨充沛，多年平均降雨天数在 150 天左右，各雨量站多年平均年降水量为 1400～1800 mm。

梅州市年平均气温为 20.6～21.4℃。年平均气温的年际变化约 1℃，各县（市）变化呈一致趋势。相对而言，暖区兴宁、梅县盆地、水寨盆地、大埔沿河盆谷地带以及丰顺汤坑一带，其年平均气温在 21℃ 以上。随地势抬升逐渐降低，在 500m 以上山地平均气温 18℃，为本市相对冷区。

梅州境内绝大部分是海拔 300m 左右的低丘山地，其土壤类型除兴宁市、五华县、梅县区的部分山丘为第四纪沉积泥岩风化的牛肝土（红色砂岩）外，大部分是花岗岩风化的赤红壤土，土层深厚。海拔 500m 以上的山地，土壤为山地红壤、黄壤、草甸土。

梅州属中、南亚热带的过渡地带，其中北部地区属中亚热带南缘，南部地区属于南亚热带。北部地区包括平远、蕉岭全县，兴宁市、梅县区、梅江区、大埔县的北半部，其地带性代表植被类型是亚热带常绿阔叶林。在局部的沟谷中仍出现南亚热带季风常绿阔叶林的层片。

5.2　社会经济

根据 2019 年梅州市统计年鉴，2018 年末梅州市常住人口 437.88 万人，其中城镇人口 221.09 万人，城镇人口占常住人口的比重为 50.49%。全市人口出生率为 12.71‰，死亡率为 5.37‰，自然增长率为 7.33‰。年末户籍人口为 548.29 万人。2018 年全市生产总值 1110.21 亿元，增长 2.4%，其中：第一产业增加值 196.17 亿元，增长 4.9%；第二产业增加值 356.72 亿元，增长 1.5%；第三产业增加值 557.32 亿元，增长 2.1%。三次产业的结构比例由 2017 年的 17.5∶33.3∶49.2 调整到 2018 年的 17.7∶32.1∶50.2。人均生产总值 25367 元，增长 2.1%。

2018 年粮食种植面积 17.97 万 hm²，下降 0.2%，经济作物种植面积 1.36 万 hm²，增长 3.5%。全年粮食总产量 106.23 万 t，下降 0.5%；甘蔗产量 5.26 万 t，增长 13.1%；油料产量 3.3 万 t，增长 6.5%；蔬菜产量 213.51 万 t，增长 4.4%；水果产量 133.4 万 t，增长 6.2%；茶叶产量 1.97 万 t，增长 17.3%。2018 年工业增加值 277.89 亿元，比上年增加 2.3%；其中规模以上行业工业产值 193.12 亿元，比上年增加 1.3%；其中五大支柱产业增加值 151.78 亿元，增长 2.1%。

5.3　水土资源状况

5.3.1　水资源开发利用状况

1. 水资源总量

根据《梅州市水资源公报（2016 年）》，全市平均年降水量 2552mm，较常年多 60.1％，属丰水年。水资源总量 225.36 亿 m³，较常年多 58.9％。其中全市地表水资源量 225.36 亿 m³，地下水资源量 54.04 亿 m³。

2. 用水量

2016 年全市总用水量 22.63 亿 m³。其中农业用水 16.07 亿 m³，占总用水量的 71.01％；工业用水 3.31 亿 m³，占总用水量的 14.62％；生活用水 2.35 亿 m³，占总用水量的 10.4％；城镇公共用水 0.75 亿 m³，占总用水量的 3.31％；生态环境补水 0.15 亿 m³，占总用水量的 0.66％。按生产（农业、工业及城镇公共）、生活（城镇和农村居民生活）、生态（生态环境）划分：生产用水 20.13 亿 m³，占总用水量的 88.94％；生活用水 2.35 亿 m³，占 10.4％；生态环境补水 0.15 亿 m³，占 0.66％。

梅州市各地区用水结构相差较大（见图 5.3－1）。除梅江区，其余县、区、市的农业用水的比例都相对较高，所占总用水量的比例为 67.09％～79.25％；农业用水比例最低是梅江区，仅为 35.68％；工业用水比例最高的是梅江区，其次是蕉岭县，分别为 39.75％和 23.07％。梅州市农业用水量占总用水量的比重为 61.30％～71.96％，有轻微增加趋势，高于全省平均比重（见表 5.3－1）。

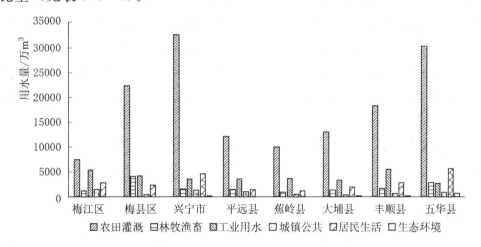

图 5.3－1　梅州市各（县）区用水量组成

表 5.3-1   广东梅州市农业用水变化

年份	广东省			梅州市		
	农业用水量/亿 m³	总用水量/亿 m³	农业占总用水比例/%	农业用水量/亿 m³	总用水量/亿 m³	农业占总用水比例/%
2004	245.6	464.8	52.8	14.2	21.1	67.30
2005	236.7	459.0	51.6	14.8	20.9	70.81
2006	232.4	459.4	50.6	14.82	21.26	69.71
2007	230.2	462.5	49.8	15.31	21.69	70.59
2008	232.2	461.5	50.3	15.49	22.31	69.43
2009	233.1	463.4	50.3	15.96	23.21	68.76
2010	231.3	469.0	49.3	17.1	24.49	69.82
2011	228.3	464.2	49.2	16.24	23.44	69.28
2012	227.6	451.0	50.5	16.7	23.24	71.86
2013	223.7	443.2	50.5	15.9	22.27	71.40
2014	224.3	442.5	50.7	16.27	22.61	71.96
2015	227.0	443.1	51.2	16.44	22.86	71.91
2016	220.5	435.0	50.7	16.07	22.63	71.01

5.3.2 土地资源状况

梅州市地处粤北山区，是广东省的北部生态屏障，农用地面积较大，占全市土地面积比重较高，建设用地占土地总面积比重较低。据《广东省梅州市土地利用总体规划（2006—2020 年）》统计，梅州市土地总面积为 1587606hm²，其中农用地面积为 1447899hm²，占全市土地总面积的 91.20%；建设用地面积为 76138hm²，占全市土地总面积的 4.80%；其他土地面积为 63569hm²，占全市土地总面积的 4.00%，土地利用率为 96.00%。

农用地中，林地面积为 1213981hm²，占土地总面积的 76.47%，广泛分布于全市各县（市、区）；耕地面积为 168266hm²，占土地总面积的 10.60%，主要分布于市域内的兴宁盆地、梅江盆地等地；园地、牧草地、其他农用地面积相对较小，各地呈零星状分布。

建设用地中，城乡建设用地面积 60931hm²，占建设用地面积的 80.03%，主要分布于各县（市、区）的中心城区和中心镇，其中农村居民点用地占城乡建设用地面积的 76.41%；交通水利用地面积为 13703hm²，占建设用地面积的 18.00%；其他建设用地面积为 1504hm²，占建设用地面积的 1.97%。

5.4 农田灌溉情况

经收集梅州市梅县区灌区资料统计，梅州市有万亩以上灌区 22 宗，其中 5 万～30 万亩灌区 3 宗，有效灌溉面积 14.69 万亩；1 万～5 万亩灌区有19宗，有效灌溉面积19.85万亩。设计灌溉面积在 1 万亩以下的小型灌区有 527 宗（按 50 亩以上统计），灌溉面积 57.81 万亩，其中，梅州市梅县区设计灌溉面积在 1 万～5 万亩灌区有 4 宗，设计灌溉面积 10.4 万亩；设计灌溉面积在 1 万亩以下的小型灌区有 132 宗（按 50 亩以上统计），设计灌溉面积 25.0 万亩，有效灌溉面积 14.5 万亩。本次测算的梅县大劲水库灌区和人和潭廖队灌区分别代表了梅州市梅县区目前具备的中、小两种规模的灌区，且代表了梅州市梅县区自流引水灌溉和提水（电灌）两种水源条件。梅州市梅县区中型灌区分布及小型灌区分布位置见图 5.4－1 和图 5.4－2。

图 5.4－1 梅州市梅县区中型灌区（1 万～5 万亩）
分布示意图

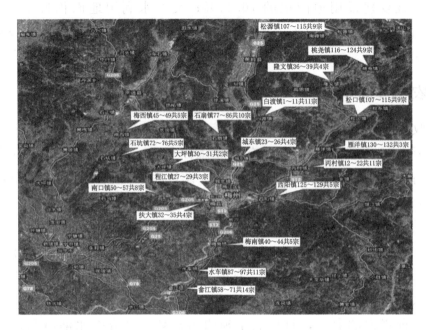

图 5.4 - 2　梅州市梅县区小型灌区（小于 1 万亩）

分布示意图

5.5　区域灌溉水有效利用系数测算

5.5.1　实测灌溉水有效利用系数

本研究选取梅州市梅县区 2 宗典型灌区开展灌溉水有效利用系数实地测算工作，其中 1 宗中型灌区，1 宗小型灌区，同时结合其他灌区的测算成果根据《细则》中由典型推算至区域的计算方法，推算梅县区灌溉水利用系数。

1. 区域大型灌区灌溉水有效利用系数计算

依据各大型灌区样点灌区灌溉水有效利用系数与用水量加权平均后得出推算区域大型灌区灌溉水有效利用系数。计算公式为

$$\eta_{区大} = \frac{\sum\limits_{i=1}^{N} \eta_{大i} \cdot W_{样大i}}{\sum\limits_{i=1}^{N} W_{样大i}} \qquad (5.5-1)$$

式中　$\eta_{区大}$ ——推算区域大型灌区灌溉水有效利用系数；

$\eta_{大i}$ ——第 i 个大型灌区样点灌区灌溉水有效利用系数；

$W_{样大i}$——第 i 个大型灌区样点灌区年毛灌溉用水量，万 m^3；

N——推算区域大型灌区样点灌区数量，个。

梅县区无大型灌区，因此不需要计算梅县区的大型灌区灌溉水利用系数。

2. 区域中型灌区灌溉水有效利用系数计算

以中型灌区 3 个档次样点灌区灌溉水有效利用系数为基础，采用算术平均法分别计算 1 万～5 万亩、5 万～15 万亩、15 万～30 万亩灌区的灌溉水有效利用系数；然后将汇总得出的 1 万～5 万亩、5 万～15 万亩、15 万～30 万亩灌区年毛灌溉用水量加权平均得出推算区域中型灌区的灌溉水有效利用系数。计算公式为

$$\eta_{区中}=\frac{\eta_{1\sim5}\cdot W_{区毛1\sim5}+\eta_{5\sim15}\cdot W_{区毛5\sim15}+\eta_{15\sim30}\cdot W_{区毛15\sim30}}{W_{区毛1\sim5}+W_{区毛5\sim15}+W_{区毛15\sim30}}$$

$$(5.5-2)$$

式中 $\eta_{区中}$——推算区域中型灌区灌溉水有效利用系数；

$\eta_{1\sim5}$、$\eta_{5\sim15}$、$\eta_{15\sim30}$——1 万～5 万亩、5 万～15 万亩、15 万～30 万亩不同规模样点灌区灌溉水有效利用系数；

$W_{区毛1\sim5}$、$W_{区毛5\sim15}$、$W_{区毛15\sim30}$——推算区域内 1 万～5 万亩、5 万～15 万亩、15 万～30 万亩不同规模灌区年毛灌溉用水量，万 m^3。

经测算，梅县区中型灌区灌溉水利用系数为 0.511。

3. 区域小型灌区灌溉水有效利用系数计算

以测算分析得出的各个小型灌区样点灌区灌溉水有效利用系数为基础，采用算术平均法计算推算区域小型灌区灌溉水有效利用系数。计算公式为

$$\eta_{区小}=\frac{1}{n}\sum_{i=1}^{n}\eta_{小i} \qquad (5.5-3)$$

式中 $\eta_{区小}$——推算区域小型灌区灌溉水有效利用系数；

$\eta_{小i}$——推算区域第 i 个小型灌区样点灌区灌溉水有效利用系数；

n——推算区域小型灌区样点灌区数量。

采用首尾测算法得到梅县区小型灌区灌溉水利用系数为 0.588。

4. 区域纯井灌区灌溉水有效利用系数计算

以测算分析得出的各类型纯井灌区样点灌区灌溉水有效利用系数为基础，采用算术平均法分别计算土质渠道地面灌、防渗渠道地面灌、管道输水

地面灌、喷灌、微灌等 5 种类型灌区样点灌区的灌溉水有效利用系数；然后，按不同类型灌区年毛灌溉用水量加权平均，计算得出推算区域纯井灌区的灌溉水有效利用系数。

梅县区无纯井灌区，不需要计算其灌溉水利用系数。

5. 区域灌溉水有效利用系数计算

推算区域灌溉水有效利用系数 $\eta_区$ 是指区域年净灌溉用水量 $W_{区净}$ 与年毛灌溉用水量 $W_{区毛}$ 的比值。在已知各规模与类型灌区灌溉水有效利用系数和年毛灌溉用水量的情况下，推算区域灌溉水有效利用系数按下式计算，即

$$\eta_区=\frac{\eta_{区大}\cdot W_{区大}+\eta_{区中}\cdot W_{区中}+\eta_{区小}\cdot W_{区小}+\eta_{区井}\cdot W_{区井}}{W_{区大}+W_{区中}+W_{区小}+W_{区井}}$$

$$(5.5-4)$$

式中 $W_{区大}$、$W_{区中}$、$W_{区小}$、$W_{区井}$——区域大、中、小型灌区和纯井灌区的年毛灌溉用水量，万 m^3；

$\eta_{区大}$、$\eta_{区中}$、$\eta_{区小}$、$\eta_{区井}$——区域大、中、小型灌区和纯井灌区的灌溉用水有效利用系数。

本次测算年度为 2016 年，根据上述公式计算梅县区灌溉水有效利用系数为 0.514。

5.5.2 遥感应用于区域灌溉水有效利用系数计算

基于 SEBAL 模型，利用遥感可见光、热红外数据和气象数据，对净辐射通量、土壤热通量、显热通量和潜热通量等参数进行计算，最终结合实际监测的毛灌溉用水量，计算的灌溉水有效利用系数。具体的计算方法和过程详见第 3 章，此处不再赘述。

采用遥感手段计算得到的梅县区域灌溉水有效利用系数为 0.472，与实地监测梅县 2016 年灌溉水有效利用系数 0.514 相比，相差 0.042(8.17%)，由此可见遥感手段在灌溉水有效利用系数测算中是可靠的。

5.6 广东省灌溉水有效利用系数综合评估

广东省从 2007 年以来，采用首尾测算法开展了近 10 年的农田灌溉水有效利用系数测算。本次收集到 2007—2015 年广东省灌溉水有效利用系数测算结果，将其与计量经济学计算的灌溉水技术效率进行比较，分析其变化趋势的合理性，见表 5.6-1。

表 5.6-1　　实测省灌溉水利用系数与计量经济学灌溉水技术效率
计算值趋势比较

年份	省灌溉水利用系数测算成果	计量经济学计算灌溉水技术效率
2007	0.412	0.716
2008	0.418	0.721
2009	0.430	0.723
2010	0.440	0.737
2011	0.452	0.740
2012	0.460	0.741
2013	0.466	0.761
2014	0.473	
2015	0.481	

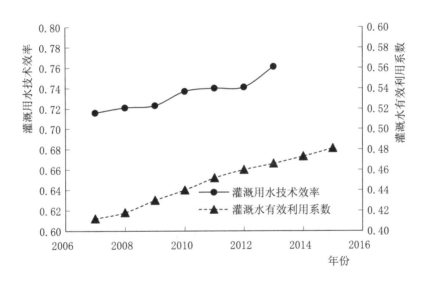

图 5.6-1　广东省灌溉用水技术效率动态变化图

从表 5.6-1 和图 5.6-1 可以看出,2007 年以来,广东省灌溉水利用系数呈缓慢增加趋势,与计量经济学计算的灌溉水技术效率变化趋势基本一致,从计量经济学角度验证了历年来广东省灌溉水利用系数测算成果的变化趋势是合理的。

在图 5.6-1 中,纵坐标表示灌溉用水技术效率(Irrigation technical efficiency,简称 IE),横坐标表示年份序列。2007—2015 年间,广东省灌溉用水的技术效率呈现波浪形缓慢上升趋势,计算值分布范围为 0.716~

0.761，平均值为 0.734，计算期内广东省灌溉用水效率在 2013 年达到最大值 0.761，说明在其他投入要素保持不变的情况下，达到目前的粮食产量可以减少 23.9%的灌溉用水，即灌溉用水具有的节约空间，可见广东省灌溉用水仍具有显著的节约潜力。

与广东省灌溉用水技术效率相比，广东省灌溉水有效利用系数变化趋势基本相同，灌溉水有效利用系数分布范围为 0.412～0.481，平均值为 0.448，变化幅度不大。同时点绘灌溉用水技术效率与灌溉水有效利用系数于图 5.6-2 中，可以看出由计量经济学模型计算所得出的灌溉用水技术效率与统计灌溉水有效利用系数具有明显的相关关系，二者相关关系表现为线性正相关，即灌溉用水技术效率越大，其灌溉水有效利用系数越大，二者相关系数 R 达 0.94。

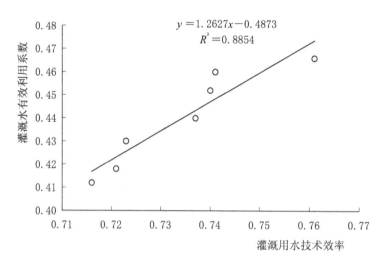

图 5.6-2 灌溉用水技术效率—灌溉水有效利用系数相关关系图

第6章

结论与展望

6.1 结论

（1）研究选择了梅州大劲水库灌区、人和潭廖队灌区分别作为中小型典型灌区，采用首尾测算法测算了 2016 年大劲水库灌区和人和潭廖队灌区灌溉水有效利用系数分别为 0.511 和 0.588，相比 2015 年，大劲水库灌区增长 10.8%，人和潭廖队灌区增长 8.7%，本次所测算的两宗灌区灌溉水有效利用系数增幅明显，原因为两宗灌区均在 2015 年进行了加固改造，目前改造完工率为 80%，渠系输水利用系数增加，使灌区灌溉水有效利用系数增加。两宗灌区增幅与灌区实际情况相吻合，本次对梅州市梅县区两宗灌区灌溉用水有效利用系数测算结果是合理可信的。选择了广州流溪河灌区采用典型渠段法测算了广州流溪河灌区 2017 年灌溉水有效利用系数为 0.487，同比 2015 年广东省 5 万～30 万亩中型灌区灌溉水有效利用系数平均值增长 5.6%，灌区增幅与灌区实际情况相吻合。

（2）研究采用遥感的 SEBAL 蒸散发模型，计算得到梅县区 2 宗灌区 2016 年 8 月至 9 月期间日蒸散发量介于 0.81mm 和 45.5mm 之间，平均值为 3.30mm，均方根偏差为 0.46mm；在空间分布上，日蒸散发量与潜热通量高度一致，在海拔较低、地势平坦的区域日蒸散发量较大，在海拔较高的西北部、中部部分区域以及东南区域日蒸发量相对较小。利用美国工程师协会-环境与水资源机构推荐的参考蒸散发估算方法，计算了梅县两个灌区与遥感估算同时期的参考蒸散发，依据参考蒸发比（＝实际蒸散发/参考蒸散发）不变假定，通过利用观测的气象数据计算的参考蒸散发，计算出梅县区灌溉水有效利用系数 0.472，与实地监测测算成果值相差 0.042（8.17%）；通过 SEBAL 蒸散发模型对广州流溪河灌区 2017 年 8—10 月灌溉水有效利用系数进行测算，计算出观测灌区监测时间段内的灌溉水有效利用系数为 0.476，与实地监测成果相差 0.009（1.92%）；由此可见应用遥感技术测算区域灌溉水有效利用系数与实地监测成果相差不大，遥感技术测算灌溉水有效利用系数可为实地监测值提供借鉴和参考，并且遥感技术的应用解决了样点灌区测算不足的缺陷，通过遥感手段在净灌溉水量测算的应用，灌溉水利用系数田间测算中人力消耗大、实测成果主观性大、实测人员专业性要求强等问题得以较好解决。

（3）研究采用计量经济学计算了灌溉用水技术效率的变化趋势，总体而言呈缓慢增加趋势，从 2007—2015 年间，广东省灌溉用水技术效率分布范围在 0716～0.761 之间，平均值为 0.734，受劳动者接受九年义务教育比例（EDU）影响较大。劳动者接受教育比例也会影响灌溉水有效利用系数测算中的田间水观测等成果，从而影响灌溉水有效利用系数测算成果的合理性。2007 年以来，广东省灌溉水利用系数呈缓慢增加趋势，与计量经济学计算的灌溉水技术效率变化趋势基本一致，由计量经济学模型计算所得出的灌溉用水技术效率与统计灌溉水有效利用系数具有明显的相关关系，二者相关关系表现为线性正相关，通过对相关关系的分析，从计量经济学角度验证了历年来广东省灌溉水利用系数测算成果的变化趋势是合理的，应用计量经济模型计算出的灌溉用水技术效率可以为缺乏其他有效方法或数据的灌溉用水有效利用系数指标评价提供参考。

6.2 展望

灌溉水有效利用系数是反映灌区水利用程度的重要指标，也是灌区水利工程建设及用水管理的基本参数，准确合理的测算灌溉水有效利用系数对节水灌溉和水资源管理具有重要的意义，当前对灌溉水有效利用系数测算的方法经十余年的实践，已摸索出一套适用于全国宏观应用的测算网络体系，但仍存在工作量较大，缺乏其他有效补充验证手段等问题，本研究基于遥感蒸散发模型及计量经济学模型对灌溉水有效利用系数测算方法方面初步进行了探讨，但限于时间等各种原因，还存在有待进一步深入的地方，具体如下。

（1）加强成果分析，提高成果可靠性。一是在实地监测时，全面了解灌区的布局、取水、排水情况，加强专业技术人员的抽查力度，确保每个样点灌区均符合水量平衡，从而提高测算成果的精度；二是充分了解样点灌区管理制度、渠道布置、节水投入等因素，加强各因素对灌区灌溉水利用系数的影响，确保成果变化的合理性。

（2）我国南方地区多云多雨，尤其在农作物生长周期内，高质量的遥感卫星影像较北方地区较少，本文中虽然采用了时间尺度拓展的方法，对上述不足进行了弥补，但是不管哪一种方法都存在一定的误差。如果能够从数据源出发，采用无人机遥感技术，通过无人机搭载多光谱和热红外传感器，从而解决因为天气原因数据缺乏的问题，在丰富数据源的基础上进一步提升结果精度。

（3）随着水资源管理的不断深入，传统的水资源管理方式已经不能够满足新时代社会的发展，一方面是简政放权，另一方面是监督管理，如何将两者有效的结合，遥感技术的应用无疑是未来发展的一个重要手段，进一步深入研究遥感技术在最严格水资源管理方面的应用意义重大。本研究重点围绕着研究区内的灌溉水有效利用系数测算方法进行了研究，后续的研究中可以逐步的从数据源、研究尺度和空间验证等方面进一步完善。

（4）引入计量经济理论对区域灌溉用水效率进行评估为独立评估手段，能从经济学角度揭示各种投入因子与产出的关系，但对于投入农业生产所需的多种因子间关系仍需进一步深入研究，后续可开展灌溉水有效利用系数的驱动力分析，结合灌溉水有效利用系数变化趋势，分析各驱动力贡献。

参 考 文 献

Aiger D J, Chu S F, 1968. On estimation the industry production function [J]. American Economics Review (58): 826 – 898.

Aiger D J, Lovell, C A K, Schmidt P, 1977. Formulation and estimation of empirical application function models [J]. Journal of Econometrics (6): 21 – 37.

Allen R G, Pereira L S, Raes D, et al, 1998. Crop Evapotranspiration – Guidelines for computing crop water requirements – FAO Irrigation and drainage paper 56 [J]. FAO, Rome, 300 (9): D05109.

Baldocchi D, Falge E, Gu L, et al, 2001. FLUXNET: A new tool to study the temporal and spatial variability of ecosystem – scale carbon dioxide, water vapor, and energy flux densities [J]. Bulletin of the American Meteorological Society, 82 (11): 2415 – 2434.

Bastiaanssen W G M, Molden D, Thiruvengadachari S, et al, 1999. Remote sensing and hydrologic models for performance assessment in Sirsa Irrigation Circle, India [R]. Research Report no. 27, IWMI Colombo, Sri Lanka: 29.

Bastiaanssen W, Bos M, 1999. Irrigation performance indicators based on remotely sensed data: a review of literature [J]. Irrigation and Drainage Systems, 13 (4): 291 – 311.

Bastiaanssen W, Menenti M, Feddes R, et al, 1998. A remote sensing surface energy balance algorithm for land (SEBAL) . 1. Formulation [J]. Journal of Hydrology, 212: 198 – 212.

Bastiaanssen W, Noordman E, Pelgrum H, et al, 2005. SEBAL model with remotely sensed data to improve water – resources management under actual field conditions [J]. Journal of Irrigation and Drainage Engineering, 131: 85.

Bastiaanssen W, Thoreson B, Clark B, et al, 2010. Discussion of "Application of SEBAL Model for Mapping Evapotranspiration and Estimating Surface Energy Fluxes in South – Central Nebraska" by Ramesh K. Singh, Ayse Irmak, Suat Irmak, and Derrel L. Martin [J]. Journal of Irrigation and Drainage Engineering, 136: 282.

Bastiaanssen W, 2000. SEBAL – based sensible and latent heat fluxes in the irrigated Gediz Basin, Turkey [J]. Journal of Hydrology, 229 (1): 87 – 100.

Battese G E, Coelli T J, 1992. Frontier production functions, technical efficiency and panel data: with application to paddy farmers in India [J]. The Journal of Productivity Analysis (3): 153 – 169.

Bouman B A M, Kropff M J, Woppereis M C S, et al, 2001. ORYZA 2000:

modeling lowland rice [M]. Los Banos（（Pilippines））：International Rice Research Institute and Wageningen University and Research Centre：235.

Brutsaert W，1982. Evaporation into the atmosphere：Theory，history，and applications [M]. Springer.

Burt C M，Clemmens A J，Strelkoff T S，et al，1997. Irrigation performance measures：efficiency and uniformity [J]. Journal of Irrigation and Drainage Engineering，123（6）：423 – 442.

Carlson T N，Capehart W J，Gillies R R，1995. A new look at the simplified method for remote sensing of daily evapotranspiration [J]. Remote Sensing of Environment，54（2）：161 – 167.

Carlson T N，Gillies R R，Perry E M，1994. A method to make use of thermal infrared temperature and NDVI measurements to infer surface soil water content and fractional vegetation cover [J]. Remote Sensing Reviews，9（1 – 2）：161 – 173.

Cellier P，Brunet Y，1992. Flux – gradient relationships above tall plant canopies [J]. Agricultural and Forest Meteorology，58（1 – 2）：93 – 117.

Charnes A，Cooper W W，Rhodes E，1978. Measuring the efficiency of decision – making units [J]. European Journal of Operational Research，2（6）：429 – 444.

Charnes A，Cooper W W，Wei Q L，1986a. A Semi – infinite Multi – criteria Programming Approach to Data Envelopment Analysis with Infinitely Many Decision Making Units [R]. The University of Texas at Austin，Center for Cybernetic Studies Report CCs551.

Charnes A，Cooper W W，Wei Q L，et al，1986b. M. Fundamental Theorems of Non – dominated Solutions Associated with Cones in Norma led Linear Space [R]. The University of Texas at Austin，Center for Cybernetic Studies Report CCs575.

Charnes A，Cooper W W，GolanyB，et al，1985. Foundations of data envelopment analysis for Pareto – Koopman efficient empirical production functions [J]. Journal of Econometrics（30）：91 – 107.

Choudhury B，Monteith J，1988. A four - layer model for the heat budget of homogeneous land surfaces [J]. Quarterly Journal of the Royal Meteorological Society，114（480）：373 – 398.

Cleugh H A，Leuning R，Mu Q，et al，2007. Regional evaporation estimates from flux tower and MODIS satellite data [J]. Remote Sensing of Environment，106（3）：285 – 304.

Comwell C P. Schimidt，R C Sickles，1990. Production frontier with cross – sectional and time – series variation in efficiency levels [J]. Journal of Econometrics（46）：185 – 200.

Dam V J C，Huygen J，Wesseling J G，et al，1997. User's Guide of SWAP Version 2. 0，Simulation of Water Flow，Solute Transport and Plant Growth in the Soil –

Water – Atmosphere – Plant Environment [M]. Wageningen: Department of Water Resources, Wageningen Agricultural University, Technical Document 45.

Droogers P, Geoff K, 2001. Estimating productivity of water at different spatial scales using simulation modeling [R]. Research Report No. 53, Colombo, Sri Lanka, 16.

Elhassan A M, Goto A, Mizutani M, 2004. Effect of conjunctive use of water for paddy field irrigation on groundwater budget in an alluvial fan. In Cuanhua Huang and Luis S Pereira (Eds). Land and Water Management: Decision tools and Practices [C]. Proceeding of the 7th inter regional conference on environment water, Beijing. China Agriculture Press, (1): 20 – 28.

Farrell M J, 1957. The measurement of production efficiency [J]. Journal of Royal Statistical Society, Series A, 120 (3): 253 – 281.

Forsund R, Hjamarsson L, 1979. Generalised Farrell Measures of Efficiency: An Application to Milk Processing in Swedish Dairy Plants [J]. Economic Journal, Royal Economic Society, 89 (354), 294 – 315.

Forsund R, Hjalmarsson L, 1974. On the measurement of productive efficiency [J]. Swedish Journal of Economics (76): 141 – 154.

Gillies R R, Carlson T N, 1995. Thermal remote sensing of surface soil water content with partial vegetation cover for incorporation into climate models [J]. Journal of Applied Meteorology, 34 (4): 745 – 756.

Gillies R, Kustas W, Humes K, 1997. A verification of the'triangle'method for obtaining surface soil water content and energy fluxes from remote measurements of the Normalized Difference Vegetation Index (NDVI) and surface e [J]. International journal of remote sensing, 18 (15): 3145 – 3166.

Guiger, Nilson, Thomas Franz, 1996. Visual MODFLOW: users guide [M]. Water Loo Hydrogologic, Water Loo, Ontario, Ontario, Canada.

Hart W E, Skogerboe G, Peri G, 1979. Irrigation performance: an evaluation [J]. Journal of the Irrigation and Drainage Division, 105 (3): 275 – 288.

Howell T, Schneider A, Dusek D, et al, 1995. Calibration and scale performance of Bushland weighing lysimeters [J] . Transactions of the ASAE, 38 (4): 1019 – 1024.

Israelsen O W, 1932. Irrigation principles and practices [M]. John Wiley, New York.

Jensen M E, Burman R D, Allen R G, 1990. Evapotranspiration and Irrigation Water Requirement [R]. ASCE Manuals and Report on Engineering Practices No. 70, New York: 332.

Jiang L, Islam S, 1999. A methodology for estimation of surface evapotranspiration over large areas using remote sensing observations [J] . Geophysical Research Letters, 26 (17): 2773 – 2776.

Jiang L, Islam S, 2003. An intercomparison of regional latent heat flux estimation using remote sensing data [J]. International Journal of Remote Sensing, 24 (11): 2221 – 2236.

Jiang L, Islam S, 2001. Estimation of surface evaporation map over southern Great Plains using remote sensing data [J]. Water Resources Research, 37 (2): 329 – 340.

Keller A A, Keller J, 1995. Effective efficiency: A water use efficiency concept for allocating freshwater resources [M]. Center for Economic Policy Studies, Winrock International Arlington.

Kloezen W H, Garces R C, 1998. Assessing irrigation performance with comparative indicators: The case of the Alto Bio Lerma Irrigation District, Mexico [R]. Research Report No. 22, IWMI, Colombo, Sri Lanka: 39.

LankFord B A, 2006. Localising Irrigation Efficiency [J]. Irrigation and Drainage, 55: 345 – 362.

Leibenstein H, 1966. Allocative Efficiency vs. "X – Efficiency" [J]. American Economic Review, 56 (3): 392 – 415.

Li F, Kustas W P, Prueger J H, et al, 2005. Utility of remote sensing – based two – source energy balance model under low – and high – vegetation cover conditions [J]. Journal of Hydrometeorology, (6): 878 – 891.

Li Z, Crook J N, Andreeva G, 2017. Dynamic Prediction of Financial Distress Using Malmquist DEA [J]. Social Science Electronic Publishing, 80: 94 – 106.

Marinus G B, 1979. Standards for irrigation efficiencies of ICID [J]. Journal of Irrigation and Drainage Engineering, ASCE, 105 (1): 37 – 43.

Markham B L, Barker J L, 1987. Radiometric properties of US processed Landsat MSS data [J]. Remote Sensing of Environment, 22 (1): 39 – 71.

Massman W, 1999. A model study of kB－1 for vegetated surfaces using 'localized near – field' Lagrangian theory [J]. Journal of Hydrology, 223 (1): 27 – 43.

Mccartney M P, Lankford B A, Mahoo H, 2007. Agricultural water management in a water stressed catchment: Lessons from the RIPARWIN Project [R]. Research Report no. 116, IWMI, Colombo Sri Lanka: 46.

Meeusen W, Broeck V J, 1977. Efficiency estimation from Cobb – Douglas production functions with composed error [J]. International Economics Review (18): 435 – 444.

Molden D, Sakthivadivel R, Christopher J, et al, 1998. Indicators for comparing performance of irrigated agricultural systems [R]. Research Report No. 20, IWMI, Colombo, Sri Lanka: 29.

Molden D, 1997. Accounting for water use and productivity [M]. SWIM Paper No. 1, IWMI, Colombo, Sri Lanka: 16.

Monteith J L, 1963. Gas exchange in plant communities [M]. In: L. T. Evans (Editor), Environmental Control of Plant Growth. Academic Press: New York: 95 – 112.

Moran M, Rahman A, Washburne J, et al, 1996. Combining the Penman – Monteith equation with measurements of surface temperature and reflectance to estimate evaporation rates of semiarid grassland [J]. Agricultural and Forest Meteorology, 80 (2 – 4): 87 – 109.

Mu Q, Heinsch F A, Zhao M, et al, 2007. Development of a global evapotranspiration algorithm based on MODIS and global meteorology data [J]. Remote Sensing of Environment, 111 (4): 519 – 536.

Mu Q, Zhao M, Running S W, 2011. Improvements to a MODIS global terrestrial evapotranspiration algorithm [J]. Remote Sensing of Environment, 115 (8): 1781 – 1800.

Nie D, Flitcroft I, Kanemasu E, 1992. Performance of Bowen ratio systems on a slope [J]. Agricultural and Forest Meteorology, 59 (3 – 4): 165 – 181.

Pardalos P M, Vlontzos G, et al, 2017. Assess and prognosticate greenhouse gas emissions from agricultural production of EU countries, by implementing, DEA Window analysis and artificial neural networks [J]. Renewable & Sustainable Energy Reviews.

Penman H L, 1948. Natural evaporation from open water, bare soil and grass [J]. Proceedings of the Royal Society. A193: 120 – 145.

Perry C, 2007. Efficient irrigation; inefficient communication; flawed recommendations [J]. Irrigation and Drainage, 56 (4): 367 – 378.

Price J C, 1990. Using spatial context in satellite data to infer regional scale evapotranspiration [J]. Geoscience and Remote Sensing, IEEE Transactions, 28 (5): 940 – 948.

Rao N H, Samra P B S, Subhash Chander, 1992. Real – time Adaptive Irrigation Scheduling under a Limited Water Supply [J]. Agricultural Water Management, (20): 267 – 279.

Roderick M L, Farquhar G D, 2002. The cause of decreased pan evaporation over the past 50 years [J]. Science, 298 (5597): 1410 – 1411.

Schmidt P, Lovell C A K, 1979. Estimating technical and allocative inefficiency relative to stochastic production and cost frontiers [J]. Journal of Econometrics (9): 343 – 366.

Shuttleworth W J, Wallace J, 1985. Evaporation from sparse crops – an energy combination theory [J]. Quarterly Journal of the Royal Meteorological Society, 111 (469): 839 – 855.

Sophocleous M, Perkings P P, 2000. Methodology and application of combined watershed and ground – water models in Kansas [J]. Journal of Hydrology, 236 (3 – 4):

185 – 201.

Su H，Mccabe M，Wood E，et al，2005. Modeling evapotranspiration during SMA-CEX：Comparing two approaches for local – and regional – scale prediction [J]. Journal of Hydrometeorology，6 (6)：910 – 922.

Su Z，2002. The Surface Energy Balance System（SEBS）for estimation of turbulent heat fluxes [J]. Hydrology and Earth System Sciences，6 (1)：85 – 100.

Todd R W，Evett S R，Howell T A，2000. The Bowen ratio – energy balance method for estimating latent heat flux of irrigated alfalfa evaluated in a semi – arid，advective environment [J]. Agricultural and Forest Meteorology，103 (4)：335 – 348.

US Interagency Task Force，1979. Irrigation Water Use and Management [R]. Washington DC：US Gov. Printing Office，USA：143.

Wong，Tzu – Tsung，2016. Parametric Methods for Comparing the Performance of Two Classification Algorithms Evaluated by k – fold Cross Validation on Multiple Data Sets [J]. Pattern Recognition，65：97 – 107.

Wood E F，Su H，Mccabe M，et al，2003. Estimating evaporation from satellite remote sensing；proceedings of the Geoscience and Remote Sensing Symposium，2003 IGARSS（03）Proceedings 2003 IEEE International. IEEE：1163 – 1165.

白美健，许迪，蔡林根，等，2003. 黄河下游引黄灌区渠道水利用系数估算方法 [J]. 农业工程学报，19 (3)：80 – 84.

白照广，2013. 高分一号卫星的技术特点 [J]. 中国航天，(8)：5 – 9.

代俊峰，2007. 基于分布式水文模型的灌区水管理研究 [D]. 武汉：武汉大学博士学位论文.

范群芳，董增川，杜芙蓉，等，2008. 随机前沿生产函数在技术效率研究中的应用 [J]，节水灌溉 (6)：30 – 33.

冯保清，2013. 我国不同尺度灌溉用水效率与评价研究 [D]. 北京：中国水利水电科学研究院.

冯峰，贾洪涛，孟玉清，2017. 基于流向跟踪法的灌溉水有效利用评价研究 [J]. 人民黄河，39 (5)：140 – 143.

付丽娜，陈晓红，冷智花，2013. 基于超效率 DEA 模型的城市群生态效率研究——以长株潭"3+5"城市群为例 [J]. 中国人口·资源与环境，23 (4)：169 – 175.

高传昌，张世宝，刘增进，2001. 灌溉渠系水利用系数的分析与计算 [J]. 灌溉排水，20 (3)：50 – 54.

高峰，赵竞成，许建中，等，2004. 灌溉水利用系数测定方法研究 [J]. 灌溉排水学报，23 (01)：14 – 20.

胡远安，程声通，贾海峰，2003. 非点源模型中的水文模拟——以 SWAT 模型在芦溪小流域的应用为例 [J]. 环境科学研究，16 (5)：29 – 36.

华坚，任俊，徐敏，等，2013. 基于三阶段 DEA 的中国区域二氧化碳排放绩效评价研究 [J]. 资源科学 (7)：1447 – 1454.

黄海霞，张治河，2015. 中国战略性新兴产业的技术创新效率——基于 DEA - Malmquist 指数模型 [J]. 技术经济，34 (1)：21 - 27.

孔灰田，1990. 渠系水平均利用系数的探讨 [J]. 农田水利与小水电，(11) 16 - 18.

李思恩，康绍忠，朱治林，等，2008. 应用涡度相关技术监测地表蒸发蒸腾量的研究进展 [J]. 中国农业科学，41 (9)：2720 - 2726.

李英能，2009. 采用"首尾测算法"确定灌溉用水有效利用系数是一个突破 [J]. 中国水利，(3)：8 - 9.

李英能，2003. 浅论灌区灌溉水利用系数 [J]. 中国农村水利水电 (7)：23 - 26.

刘树坤，2005. 中国玉米生产的技术效率损失测算 [J]. 甘肃农业大学学报 (6)：389 - 395.

潘志强，刘高焕，周成虎，2003. 基于遥感的黄河三角洲农作物需水时空分析 [J]. 水科学进展，16 (1)：62 - 68.

乔世君，2004. 中国粮食生产技术效率的实证研究 [J]. 数理统计与管理 (5)：11 - 17.

邵东国，陈会，李浩鑫，2012. 基于改进突变理论评价法的农业用水效率评价 [J]. 人民长江，43 (20)：5 - 7.

沈逸轩，黄永茂，沈小谊，2006. 建立午灌溉水利用系数及其基本问题的研究 [J]. 人民珠江 (4)：62 - 64.

孙爱军，2007. 基于随机前沿函数的工业用水效率和工业用水研究 [D]，南京：河海大学：4 - 5.

汪富贵，2001. 大型灌区灌溉水利用系数的分析力法 [J]. 节水灌溉 (6)：25 - 26.

汪文雄，余利红，刘凌览，等 .2014. 农地整治效率评价研究——基于标杆管理和 DEA 模型 [J]. 中国人口·资源与环境，24 (6)：103 - 113.

王行汉，丛沛桐，亢庆，等，2017. 非线性拟合 LST/NDVI 特征空间干湿边优于传统线性拟合方法的讨论 [J]. 农业工程学报，33 (11)：306 - 314.

王贺封，石忆邵，尹昌应，2014. 基于 DEA 模型和 Malmquist 生产率指数的上海市开发区用地效率及其变化 [J]. 地理研究，33 (9)：1636 - 1646.

王晓娟，李周，2005. 灌溉用水效率及影响因素分析 [J]. 中国农村经济 (7)：11 - 18.

吴炳方，熊隽，闫娜娜，等，2008. 基于遥感的区域蒸散量监测方法——ETWatch [J]. 水科学进展，19 (5)：671 - 678.

徐涵秋，黄绍霖，2016.Landsat 8 TIRS 热红外光谱数据定标准确性的分析 [J]. 光谱学与光谱分析，36 (6)：1941 - 1948.

徐涵秋，唐菲，2013. 新一代 Landsat 系列卫星：Landsat 8 遥感影像新增特征及其生态环境意义 [J]. 生态学报，33 (11)：3249 - 3257.

杨芳，郑江丽，李兴拼，2016. 省级灌溉水有效利用系数测算工作评估方法探讨 [J]. 节水灌溉，(9)：129 - 132.

喻云，1989. 渠道水利用系数的计算与应用 [J]. 农田水利与小水电，(11)：13 - 15.

战家男，2013. 宁夏灌溉用水有效利用系数测算及评价指标体系研究 [D]. 银川：宁夏大学 .

张德全，2006. 御河灌区灌溉水利用系数测算资料分析 [J]. 山西水利（10）：77 - 78.

张和喜，迟道才，刘作新，等，2006. 作物需水耗水规律的研究进展 [J]. 现代农业科技（3S）：52 - 54.

张荣彪，王慧春，王春光，2007. 浅议提高灌溉水利用率的途径 [J]. 水利科技与经济（12）：934 - 935.

张涛，张成利，李楠楠，等，2006. 灌溉水利用系数的传统测定力法存在的问题及影响因素分析 [J]. 地下水（6）：81 - 82.